1000MW超超临界火电机组系列培训教材

RANLIAO FENCE

燃料分册

长沙理工大学 华能秦煤瑞金发电有限责任公司 组编

中国电力出版社
CHINA ELECTRIC POWER PRESS

内 容 提 要

为确保1000MW火电机组的安全、稳定和经济运行，提高运行、检修和技术管理人员的技术素质和管理水平，适应员工岗位培训工作的需要，华能秦煤瑞金发电有限责任公司和长沙理工大学组织编写了《1000MW超超临界火电机组系列培训教材》。

本书是《1000MW超超临界火电机组系列培训教材》中的《燃料分册》。全书扼要介绍了1000MW火电机组输煤系统中常用的卸煤设备、储煤设备、输送设备、筛碎设备、辅助设备及燃油系统的工作原理、结构特点、主要技术参数、运行与维护等内容。全书共分七章，主要内容包括概述、火车卸煤设备及系统、储煤系统、带式输送机、筛碎机械、辅助设备及燃油系统。

本套教材适用于1000MW及其他大型火电机组的岗位培训和继续教育，供从事1000MW及其他大型火电机组设计、安装、调试、运行、检修等工作的工程技术人员和管理人员阅读，也可供高等院校相关专业师生参考。

图书在版编目（CIP）数据

1000MW超超临界火电机组系列培训教材．燃料分册/长沙理工大学，华能秦煤瑞金发电有限责任公司组编．—北京：中国电力出版社，2023.7（2024.1重印）

ISBN 978-7-5198-7448-3

Ⅰ.①1… Ⅱ.①长…②华… Ⅲ.①火电厂-发电机组-超临界机组-燃料-技术培训-教材 Ⅳ.①TM621.3

中国国家版本馆CIP数据核字（2023）第055990号

出版发行：中国电力出版社
地　　址：北京市东城区北京站西街19号（邮政编码100005）
网　　址：http://www.cepp.sgcc.com.cn
责任编辑：赵鸣志
责任校对：黄　蓓　朱丽芳
装帧设计：赵丽媛
责任印制：吴　迪

印　　刷：北京雁林吉兆印刷有限公司
版　　次：2023年7月第一版
印　　次：2024年1月北京第二次印刷
开　　本：787毫米×1092毫米　16开本
印　　张：13
字　　数：271千字
印　　数：1001—2000册
定　　价：70.00元

《1000MW超超临界火电机组系列培训教材》

编写委员会

主　　任　洪源渤

副 主 任　李海滨　何　胜

委　　员　郭志健　吕海涛　宋　慷　陈　相　孙兆国　石伟栋
钟　勇　张建忠　刘亚坤　林卓驰　范贵平　邱国梁
夏文武　赵　斌　黄　伟　王运民　魏继龙　李　鸿

编写工作组

组　　长　陈小辉

副 组 长　罗建民　朱剑峰

成　　员　胡建军　胡向臻　范存鑫　汪益华　陈建华

燃料分册编审人员

主　　编　夏侯国伟　王　厅

参编人员　乔　妮　王瑞麒　刘求玉　张　亮　吴伟辉　王正兴
熊　雷　王福水

审核人员　赵　斌　黄　伟

序

电力行业是国民经济的支柱行业。2006 年，首台单机百万千瓦机组投产发电，标志着中国火力发电正式步入百万千瓦级时代。目前，中国的火力发电技术已经达到世界先进水平，在低碳、节能、环保方面取得了举世瞩目的成就。

习近平总书记在党的二十大报告中指出："深入实施人才强国战略，培养造就大批德才兼备的高素质人才，是国家和民族长远发展大计。"随着科技的进一步发展和电力体制改革的深入推进，大容量、高参数的火力发电机组因其较低的能耗和污染物排放成为行业发展的主流，火电企业迎来了转型发展升级的新时代，既需要高层次的管理和研究人才，更需要专业素质过硬的技能人才。因此，编写一套专业对口、针对性强的火力发电专业技术培训丛书，将有助于火力发电机组生产人员学践结合，有效提升专业技术技能水平，这也是我们编写出版《1000MW 超超临界火电机组系列培训教材》的初衷。

华能秦煤瑞金发电有限责任公司（以下简称瑞金电厂）通过科学论证、缜密规划、辛苦建设，于 2021 年 12 月成功投运了 2 台 1000MW 超超临界高效二次再热燃煤机组，各项性能指标在同类型机组中处于先进行列，成为我国 1000MW 级燃煤机组"清洁、安全、高效、智慧"生产的标杆。尤其重要的是，瑞金电厂发挥"敢为人先、追求卓越"的精神，实现了首台（套）全国产 DCS/DEH/SIS 一体化技术应用的历史性突破，为机组装上了"中国大脑"；并集成应用了 BEST 双机回热带小发电机系统、智慧电厂示范、HT700T 高温新材料、锅炉管内壁渗铝涂层技术、烟气脱硫及废水一体化协同治理、全国产 SIS 系统等"十大创新"技术。瑞金电厂不断探索电力企业教育培训的科学管理模式与人才评价有效方法，形成了以员工职业生涯规划为引领的科学完备的培训体系，培养出了一支高素质、高水平的生产技能人才队伍，为机组的稳定运行提供了保障。

为更好地总结电厂运行与人才培养的经验，瑞金电厂和长沙理工大学通力合作，编写了《1000MW 超超临界火电机组系列培训教材》。本套培训教材的编撰立足电厂实际，注重科学性、针对性和实用性，历时两年，经过反复修改和不断完善，力求在内容上理论联系实际，在表述上做到通俗易懂。本套培训教材包括《锅炉分册》《汽轮机分册》《电气设备分册》《热工控制分册》《电厂化学分册》《燃料分册》《脱硫分册》和《除灰分册》等 8 个分册，以机组设备及系统的组成为基础，着重于提高生产人员对机组设备及系统的运行、维护、故障处理的技术水平，从而达到提高实际操作能力的目的。

我们希望本套培训教材的出版，能有效促进1000MW超超临界火力发电机组生产人员技术技能水平的提高，为火电企业生产技能人才队伍的建设提供帮助；更希望其能够作为一个契机和交流的载体，为推动低碳、节能、环保的1000MW超超临界火力发电机组在中国更好更快地发展增添一份力量。

2023年4月

前言

当前，加快转变经济发展方式已成为影响我国经济社会领域各个层面的一场深刻变革。在火力发电行业，大容量、高参数、高度自动化的大型火电机组不断增加，1000MW 超超临界燃煤机组因其较低的能耗和超低的污染物排放，成为行业发展的主流。为确保 1000MW 超超临界燃煤机组的安全、可靠、经济及环保运行，机组生产人员的岗位技术技能培训显得十分重要。

2021 年 12 月，国家能源局首台（套）示范项目——华能秦煤瑞金发电有限责任公司二期扩建工程全国产 DCS/DEH/SIS 一体化智慧火电机组成功投运，实现了我国发电领域“卡脖子”核心技术自主可控的重大突破。为将实践和理论相结合并进一步升华，更好地服务于火电企业生产技术人员培训，华能秦煤瑞金发电有限责任公司和长沙理工大学合作编写了《1000MW 超超临界火电机组系列培训教材》。本系列培训教材包括《锅炉分册》《汽轮机分册》《电气设备分册》《热工控制分册》《电厂化学分册》《燃料分册》《脱硫分册》《除灰分册》等 8 册，今后还将根据火力发电技术的发展，不断充实完善。

本系列培训教材适用于 1000MW 及其他大型火力发电机组的生产人员和技术管理人员的岗位培训和继续教育，可供从事 1000MW 及其他大型火力发电机组设计、安装、调试、运行、检修等工作的工程技术人员和管理人员阅读，也可供高等院校相关专业师生参考。

《燃料分册》全书共七章，详细介绍了 1000MW 超超临界火力发电机组输煤系统中的卸煤设备及系统、储煤设备及系统、输送设备、筛碎设备、辅助设备及燃油系统的工作原理、结构特点、主要技术参数、运行与维护等内容。

本书由长沙理工大学夏侯国伟和华能秦煤瑞金发电有限责任公司王厅主编，赵斌、黄伟审核。

本书在编写过程中参阅了同类型电厂、设备制造厂、设计院、安装单位等的技术资料、说明书、图纸，在此一并表示感谢。

由于编者水平所限和编写时间紧迫，疏漏之处在所难免，敬请读者批评指正。

编　者

2023 年 4 月

目录

第一章　概　　述

第一节　输煤系统概述

煤是重要的工业原料，也是火力发电过程的关键原材料。燃煤锅炉对燃料的利用应遵循如下的原则：①尽量不用其他工业部门所必需的优质煤，并通过技术经济比较尽量利用劣质煤。劣质煤一般是指水分大（$M_{ar}>30\%$），灰分高（$A_{ar}>30\%\sim50\%$），发热量低（$Q_{gr}<14.64MJ/kg$），难燃烧（$V_{daf}<10\%$）的燃料。②尽量利用当地燃料，以减轻运输的负担，促进各地区天然资源的开发利用。我国火力发电厂，煤是主要燃料，而且燃煤量巨大，约占我国铁路运输量的三分之一，用于发电的煤约占煤总产量的四分之一。华能秦煤瑞金发电有限责任公司2×1000MW机组投运后，一、二期日耗煤量达20 000t（设计煤种），如此大量的燃煤从卸车、存储到输送至锅炉煤仓，中间还要进行必要的加工处理，所有过程要用到数十种机械设备，这就必须采用具有一定先进水平的机械自动化输煤系统与之相适应。由于燃料运输系统和锅炉的安全性、经济性，以及燃料设备的选用等都与燃料的性质有着密切的关系，因此，燃运管理人员有必要对燃料运输系统有所了解。

对燃料运输系统的要求是：必须安全贮存足够的燃煤量并及时向锅炉输送所需燃煤，同时尽量实现机械化和自动化。总体讲输煤系统的运行原则应包括：

（1）从供应单位收受燃料，检查煤的数量和质量，将冬季冻结在车皮中的煤解冻；

（2）在规定的时间内将运来的煤卸下；

（3）不间断地和及时地将煤运往锅炉房的煤斗中；

（4）在损耗最小的条件下贮存规定的煤量；

（5）将煤破碎到符合制粉设备所要求粒度水平；

（6）从煤中分离出铁磁物质和杂物（碎木、绳索、布袋等），以防损坏碎煤机和磨煤机。

燃料运到电厂铁路专用线或煤码头后，所有上述环节的作业统称为发电厂的输煤作业任务。电厂来煤分陆地运输和水路运输两方式，由电厂的燃运车间或发电部负责，运行人员通过使用指令与程序、依靠有关机械和装置来完成。

火力发电厂的输煤系统包括从卸煤装置开始到锅炉房煤仓间煤斗上部为止的所有主、辅助设备及有关的辅助系统、控制系统。一般由运输系统、卸煤系统、上煤系统、配（混）煤系统、贮煤系统及控制系统等组成。这几部分有机结合完成燃煤发电厂的燃料输送任务，保证发电厂的燃料供给能满足锅炉的运行要求。

一、燃料运输系统的构成

电厂主要利用机械设备来运输燃料，其设备或系统的先进程度在很大程度上决定了燃料运输系统的水平。20 世纪 80 年代以来，我国火力发电厂的燃料运输系统机械化和自动化程度取得了很大的提高。卸煤设备普遍采用高效的翻车机，煤场设备普遍采用斗轮机（能连续进行堆煤、取煤作业，生产效率高）。下面以华能秦煤瑞金发电有限公司一、二期工程为例，简要地介绍一下燃料运输系统主要设备。

1. 运煤系统范围

从卸煤开始至煤仓转运站的整个运煤系统，包括卸煤、储煤、筛分、破碎、除铁、计量、循环链码校验、取样、输送等工艺流程，还包括推煤机库等输煤辅助建筑。

（1）卸煤设施。卸煤装置为两台双车翻车机。翻车机系统包括“C”型三支点转子式翻车机，单机卸车能力不低于 40 辆/h，重、空车调车机，牵车平台，夹轮器等设备。厂内翻车机系统配有重车线 2 条、空车线 2 条、机车行走线 1 条。每台翻车机下设有 4 个受煤斗，斗口面上装有振动煤箅，受煤斗下的输出设备为 GK 活化给煤机，1 个煤斗 1 台，共 8 台。

（2）储煤设施。系统设 2 个长条形煤场，每块煤场长 750m，宽为 50m。堆高：轨下 0.5m，轨上 13.5m，煤场贮量约为 40 万 t，满足 2×350MW＋2×1000MW 机组 19.4 天的需煤量。煤场设 2 台门式斗轮堆取料机，堆料能力为 2500t/h 与卸煤能力相匹配，取料能力为 600～1700t/h 可调与上煤系统能力相匹配，轨距为 50m。

（3）筛碎设备。上煤系统共设置 4 套筛碎设备，即一期 2 套筛碎设备：除大块出力为 Q＝600t/h，滚轴筛出力为 Q＝600t/h，碎煤机出力为 Q＝400t/h。二期 2 套筛碎设备：除大块出力为 Q＝1700t/h，滚轴筛出力为 Q＝1700t/h，碎煤机出力为 Q＝1200t/h，系统设旁路。筛碎系统出料粒度满足磨煤机的要求。碎煤机采用重型环锤式，其结构简单，紧凑，破碎效率较高，鼓风量较小，运行稳定。滚轴筛具有筛分效率较高、噪声较低等特点。

（4）给煤设备。翻车机煤斗下面设有 8 台 GK 活化给煤机。GK 活化给煤机是美国通用振动公司的全球专利产品，该设备采用独特的结构设计，集活化物料功能和给料功能于一体，专为防止堵煤而设计的给煤机。工作时，采用特殊定做的激振电机启动，利用亚共振双质体振动原理，产生很大的激振力振动下料主体，结合特别设计的曲线槽，确保了物料的自由出料。活化给煤机内部安装有特殊设计的活化块和下料曲线槽。工作时，拱型活化块的水平振动高效传递到顶部物料，振动力产生的扰动能量松动物料使其下落。即使是褐煤或其他较黏煤质也能顺利出煤。

（5）输送设备。

1）翻车机至斗轮机：翻车机下给煤设备出力为4×（200～900）t/h，总计8台。为了与给煤设备能力相匹配，卸煤系统胶带机输送系统带宽B＝1600mm、带速v＝3.15m/s、出力Q＝2500t/h。贮煤场至锅炉煤仓间的上煤系统胶带机双路布置，一路运行，一路备用，并满足双路同时运行的条件。一期上煤线带宽B＝1000mm、带速v＝2.0m/s、出力Q＝600t/h；二期上煤线带宽B＝1400mm、带速v＝2.8m/s、出力Q＝1700t/h。由于燃煤挥发分较高，为确保输煤系统安全运行，全部选用难燃胶带。胶带机露天布置，为防雨防风，胶带机自带防雨罩。

2）输煤系统交叉点及形式：T1转运站中采用电动三通分煤器，以达到向煤场堆煤和向煤仓间供煤同时进行。T1转运站还设有电动三通挡板，用作T1转运站后的2条胶带机之间的相互切换。煤场后T2、T4、T5转运站交叉采用电动三通挡板切换。仓间卸煤方式采用电动犁式卸料器，1、2号炉每个煤仓上安装4台卸料器，双路胶带机共设18台，3、4号炉每个仓上安装2台卸料器，1台单独双侧犁，1台共用的单侧双侧犁，10ABC煤仓间三路胶带机共安装15台。

（6）控制方式。输煤系统的控制方式采用程序控制和监视，输煤控制室设有模拟监视盘，监视运煤设备的顺序启停，运行方式的选择，运行指令的发送，故障的显示以及运行报表的记录和管理等。翻车机室和斗轮堆取料机具有相对独立的控制操作功能，但与输煤控制室有足够的信息交换，以达到集中程序控制的目的。输煤系统设工业电视监视系统。输煤系统设备同时具备就地启停的功能。设备之间有自动联锁和信号装置。控制室还设有调度通信设备，灵活指挥各生产部门。

（7）辅助设备及系统。

1）除铁设备。为从煤流中分离出磁性金属以保护输煤系统有关设备及磨煤机，运煤系统中碎煤机前后均设有除铁器。在0号皮带中部、2、3、4、7、9号皮带头部各设一级除铁器。现场除铁器全部为电磁盘式除铁器，共12台。

2）计量装置和取样装置。入厂煤计量采用电子轨道衡。在输煤系统中设置了入厂煤取样装置，布置在1号皮带中部。入炉煤计量采用电子皮带秤，布置在4号A、4号B、9号A、9号B胶带运输机上。电子皮带秤一期采用循环链码装置校验，二期采用砝码校验。入炉煤取样装置布置在4A、4B、9A、9B号胶带运输机中部，设备包括取样器、破碎机、给煤机、筛分缩分、余煤返回及制样等设备，对原煤进行采样、破碎、缩分。

3）保护装置的配置。每路带式输送机运行通道侧配备有双向事故拉绳开关，其主要作用是当输送机发生事故时，操作人员在输送机任何部位拉动拉线，使其开关动作，切断电路使设备停止运行。在每条胶带两侧，每隔一段距离，设置有防跑偏开关，其主要作用是防止带式输送机过量跑偏，发生事故。另外在每路带式输送机上还设置有胶带打滑监视器、煤流信号和纵向撕裂保护装置，以观测、保护带式输送机的正常运行，实现系统的切换和停机检修等。

4）检修设施。为了便于设备维护和检修，在各转运站及碎煤机室、锅炉房煤仓间设有电动葫芦、电动单梁悬挂式起重机或电动单梁起重机，皮带机尾部滚筒处设吊钩或手动单轨小车。

5）煤尘防治与劳动安全。煤场采用旋转喷淋装置进行抑尘。翻车机受料斗周围及斗轮堆取料机上设喷雾设施。各条胶带运输机导料槽处设有防尘和喷雾装置，为防止导料槽静电，将导料槽接地。输煤系统中落煤管落差大的地方均设置缓冲锁气器。转运站、碎煤机室各层、煤仓间皮带机层及输煤栈桥采用水力清扫。输煤系统冲洗污水分别由各排水点的排污泵汇集至煤场旁的煤水沉清池，沉清后的回水由水泵打至含煤废水成套装置处理后再循环使用。北端沉淀池内积煤通过桥抓机清理。南端沉淀池安装2台液下泵，每周二定期排煤泥至北端沉淀池。

为了运行人员的巡视及工作便利，部分较长的胶带机中段设置了通行桥，所有带式输送机沿线设防护栏杆，人员易于接近的外露的转动部件设护罩护栅，各转运站和煤场斗轮机上设音响报警装置。

二、输煤系统参数

1. 耗煤量

电厂耗煤量是确定煤场规模（容量）、燃料输送设备出力和设备选型的主要依据。电厂耗煤量有年耗煤量和日耗煤量之分。

（1）年耗煤量 Q_n。全年耗煤量 Q_n，按下式确定：

$$Q_n = T_n \times q_n$$

式中 T_n——电厂年运行小时数。DL/T5187.1—2016《火力发电厂运煤设计技术规程 第1部分：运煤系统》指出，按具体工程规定的年运行小时数计算。

q_n——电厂全部锅炉额定蒸发量时的小时耗煤量，t/h。

（2）日耗煤量 Q_d。日耗煤量 Q_d 等于电厂小时耗煤量 q_n 与昼夜运行小时数的乘积。昼夜运行小时数，一般按20～22h计。若按20h计算，则

$$Q_d = 20q_n$$

2. 输煤系统出力

（1）锅炉煤仓上煤出力 Q_0。输煤系统向锅炉煤仓上煤出力 Q_0，应不小于电厂日耗煤量 Q_d 的1.35倍。

（2）贮煤场。贮煤场简称煤场，它是火力发电厂的燃料备用库，它是为安全经济发电而设置的。大、中型电厂耗煤量是相当可观的，输煤系统除了要保证锅炉连续不间断地运行外，还要有一定量的安全贮备用煤存放煤场。一般煤场容量规定为7～15d的电厂耗煤量。

贮煤场有如下3个方面的作用：

1）缓冲与调节的作用：电厂电能的生产是连续的，而燃料的外部供应是间断的。在厂外来煤不及时的情况下，可从煤场取煤对锅炉煤仓上煤，贮煤场起着间断来煤与锅炉连续耗煤之间不平衡的缓冲作用。上煤有过剩的情况下，又可将卸煤堆放煤场，此时煤场又起着来煤大于煤仓容积有限之间的调节作用。

2）混煤作用：电厂锅炉要求运行煤质与设计煤质相符（主要指煤的发热量）。当煤源为多个，甚至同一煤源不同部位的煤质有一定的差异时，通常，将两种以上不同种类的煤，按比例进行掺混，以获得接近设计煤质的混合煤，保证锅炉安全经济运行。经济混煤技术已被人们重视。

3）风干作用：含水分较多的煤，在贮煤场得到自然晾干。

三、华能秦煤瑞金发电有限责任公司输煤系统概述

输煤系统在电厂中占地较大，线路较长，各设备又都工作在潮湿、多尘的恶劣环境之下。因此，合理选择输煤设备是消除系统先天不足、降低运行费用、方便运行维护、保证系统安全的先决条件。

华能秦煤瑞金发电有限责任公司一期为2×350MW机组、二期为2×1000MW机组超超临界燃煤机组。

（一）燃料厂外运输方式

电厂一期为2×350MW机组，燃煤来自安徽淮南烟煤和赣州地区无烟煤，设计煤种为：40%淮南煤+60%赣州地区无烟煤，校核煤种Ⅰ的混煤比例为：100%淮南煤；校核煤种Ⅱ混煤比例为：33%淮南煤加上67%赣南地方煤，年耗煤量138.3×10^4t。二期为2×1000MW机组，设计煤种为中煤、伊泰（各50%）混煤，校核煤种1为蒙煤，校核煤种2为中煤、印尼（各50%）混煤，年耗煤量为420.3×10^4t；燃煤由铁路运输到厂。

（二）运煤方案及系统

火车卸煤设施为2台“C”型双车翻车机及辅助设施。翻车机作业能力为2500t/h，翻车机下受煤斗的输出设备为GK活化给煤机。

贮煤场容量按一期2×350MW，二期2×1000MW机组BMCR工况下20d耗煤量设计，约为40万t(设计煤种)。

设置2个并列布置条形煤场，每个煤场设置1台门式斗轮堆取料机，其跨度50m，堆料出力2500t/h，取料出力600～1700t/h(可调)，堆煤高度14m，折返式布置。

一期煤场延长320m作为二期煤场，一、二期煤场拉通，堆取料机采用2台门式滚轮机。二期新建320m长的门式干煤棚，只有干煤棚端部山墙采用挡风抑尘墙封闭，二期工程挡风抑尘墙长度约130m。煤场配置推煤机、装载机作为煤场辅助作业机械，配合堆取料机进行堆、取作业及平整场地。

为满足环保要求，在煤场设置防风抑尘网和煤场水喷淋降尘设施。上煤系统采用炉后

穿烟囱上煤仓间，输煤栈桥采用简易封闭方案。输煤系统采用 DCS 控制方式。控制设备放在单独设置的控制室内。同时，所有运煤设备都配备就地控制装置。

（三）卸煤装置

1. 铁路卸煤装置

火车接卸系统设置 2 台“C”型双车翻车机。厂内共有五股铁路线，两股重车线、两股空车线，一股机车走行线。双车翻车机额定翻卸出力为每小时 40 节，出力 2500t/h，平均出力为每小时 32 节，出力 1920t/h。

每台双翻底部设置 4 台出力为 0～800t/h 的活化给料机，共 8 台。翻车机下部的输出带式输送机为双路，采用 B=1600mm，Q=2500t/h。

2. 贮煤及上煤

煤场采用条形煤场，一期上煤系统从煤场南侧 1 号转运站南端接入主厂房，二期上煤系统从煤场南侧，1 号转运站北端接入主厂房。

（四）贮煤设施

一期煤场向北延伸 320m，煤场长度约为 750m 左右，容量约为 40 万 t，满足 2×350MW+2×1000MW 机组 19.4d 的需煤量。二期新建 320m 长的门式干煤棚，只有干煤棚端部山墙采用挡风抑尘墙封闭，二期工程挡风抑尘墙长度约 130m。

煤场机械采用门式斗轮堆取料机，在每个煤场设置一台门式斗轮堆取料机，折返式布置，斗轮堆取料机堆料出力 2500t/h，取料出力 600～1700t/h(可调)，跨度 50m。煤场辅助作业机械采用 2 台推煤机和 3 台装载机、1 台挖机。

根据环境评估要求在煤场四周设置挡风抑尘网。煤场挡风网一般比煤场煤堆高 2～3m，利用挡风抑尘板上一定的开孔率，既可以使部分风顺利通过具有一定的疏透性，减少挡风栅承受的风压，防止产生涡流；又可以有效减小风速，减少煤尘飞扬，达到保护环境的作用。

（五）皮带输送系统

由翻车机至 T1 转运站带式输送机规格为 B=1600mm、v=3.15m/s、Q=2500t/h，由 T1 转运站延伸跨至二期带式输送机规格为 B=1400mm、v=2.80m/s、Q=1700t/h，由 T1 转运站至一期带式输送机规格为 B=1000mm、v=2.0m/s、Q=600t/h。

斗轮机机上带式输送机规格为 B=1600mm、v=3.15m/s、Q=2500t/h。

带式输送机采用双路布置，一备一用，二期煤仓间带式输送机采用三路布置。

上煤系统采用从炉后穿烟囱上煤仓间。考虑煤炭输送时煤尘对周边环境的影响，输煤栈桥采用简易封闭布置。

（六）筛碎设施

厂内一期两路上煤系统每路设置 1 台处理为 600t/h 滚轴筛和 1 台出力为 400t/h 碎煤机，二期两路上煤系统每路均设置 1 台出力为 1700t/h 的滚轴筛和 1 台出力为 1200t/h 的碎煤机。

滚轴筛可接受粒度不大于一期 300mm、二期 350mm 的燃煤，筛分后 30mm 以下的燃煤直接送入上煤系统，粒度大于 30mm 的燃煤则进入碎煤机，让燃料破碎至 30mm 后送入上煤系统。

（七）系统控制

输煤程控采用公用 DCS 控制。为了提高输煤系统的综合自动化水平，配置输煤工业电视系统作为辅助监视系统，对翻车机、煤场、采制样车间及输煤系统沿线实现全面监视。输煤系统设有与全厂工业电视接口。

（八）辅助设施

1. 计量、取样与除铁

在进煤场前的 1AB 带式输送机上安装入厂煤取样装置，在出碎煤机室的 4AB、9AB 带式输送机上安装入炉煤取样装置、电子皮带秤及循环链码校验或砝码校验装置。

为了避免铁块进入碎煤机、磨煤机造成设备损坏，一、二期分别设 4 级除铁器。其中第一级除铁器（一、二期共用），布置在 T0 转运站的 0 号皮带，第二级布置在 T1 转运站延伸跨煤场进出 2 号皮带（一、二期共用），其余两级除铁器分别布置在一期 T2 转运站 3/4 号皮带和 T4 转运站 7 号皮带，T5 转运站 9 号皮带。

2. 除三块装置

鉴于目前电厂燃煤多为原煤，混有大块煤、石块和木块，影响电厂的安全运行，在运煤系统设计中需考虑采用除三块设施。首先要求在翻车机下受料斗斗口上设振动煤篦，将 250mm 以上的大块进行分离，以防止堵塞。其次在其后一期 C3AB 带式输送机头部，即 T2 转运站内设置除大块装置，分离煤中的大块、石块及木块，其通过能力为 600t/h。在其后二期 C8AB 带式输送机头部，即 2 号碎煤机室内设置除大块装置，分离煤中的大块、石块及木块，其通过能力为 1700t/h。

3. 输煤控制室与推煤机库

本期工程设有输煤系控制室及电气配电间。

4. 检修起吊设施

翻车机室的检修设备选用电动桥式起重机，推煤机库设置单梁悬挂起重机，在摆动筛、碎煤机、带式输送机头尾部、排污泵、取样装置等设备上方设置电动或手动葫芦。

第二节 煤质和煤种的变化对输煤系统的影响

由于碳化程度不同的煤具有不同的特性，煤质和煤种变化将对燃料运输系统产生一定的影响，下面简要说明这种影响。

一、发热量的变化对燃料运输系统的影响

煤的发热量是评价动力用煤最重要的指标之一。如锅炉负荷不变，煤的发热量降低，则导致煤耗量增大，燃料运输系统的负担加重，卸车设备、煤场设备、输煤皮带、筛碎设备都有可能因煤量增加而突破设计能力。

例如一个装机容量为400MW的火力发电厂，设计的收到基低位发热量为21 981kJ/kg，每小时耗量为207t，选用285t/h的双回路输煤皮带系统，符合设计规程要求，满足生产需要。如果来煤发热量降低为15 000～15 500kJ/kg。如不考虑煤质变化对锅炉净效率的影响，则耗煤量增至297t/h才能满足锅炉蒸发量的需要，这样，由于煤质发热量降低，燃煤量增加，超过了输煤设备原设计能力。所以，煤的发热量下降较大的电厂，常常因为燃煤量增加，不得不延长上煤时间，使输煤系统设备负担加重，导致设备的健康水平下降。

二、煤的灰分变化对燃料运输系统的影响

煤的灰分大小是衡量煤好坏的重要标志。煤的质量级别是根据煤的灰分多少制定的。灰分总是无益的成分，它不仅给运输系统增加了无效负担，也会给输煤系统增加负担。灰分越高，固定碳就越少，煤的发热量也就越低。根据经验推算，煤的灰分每增加1%，其发热量减少200～360kJ/kg。由于灰分的密度大约是可燃物的两倍，输送同容积的煤量，灰分的提高会使输煤设备超负荷运行，造成输煤系统磨损的增加。

灰分较大的煤种，往往质地坚硬，破碎困难，磨损设备。增加输煤系统设备的检修和更换设备的工作量。

三、煤的水分变化对输煤系统的影响

煤的水分也是无用成分，水分越高煤中的有机物质就越少。在煤的使用过程中，由于水分的蒸发会带走大量的汽化潜热，从而降低了煤的热能利用率，增大了燃煤的消耗量。

煤中水分过大，在输煤过程中，会产生自流，给上煤造成困难；煤中水分较大，在严寒的冬季，会使来煤和存煤冻结，影响卸煤和上煤；煤中水分很少，在来煤卸车和上煤时，煤尘很大，造成环境污染，影响环境卫生和职工的身体健康。

四、煤的挥发分和含硫量对输煤系统的影响

挥发分和含硫量对输煤系统没有明显的影响。但是，运行中煤的挥发分和硫分大量增加时，输煤系统应注意防爆和煤的自燃。因为挥发分高的煤种、燃点较低，硫的燃点也低，容易自燃。尤其是燃用表面水分很小，而挥发分较大的煤时，在卸车和转运过程中将会产生大量煤粉尘，当煤粉尘达到爆炸极限35g/m^3时，遇有很小的火源，能量约40mJ，

即会产生强烈爆炸。另外，在贮煤场和煤粉堆积的角落，将会引起自燃，甚至导致烧坏电缆及烫伤人等事故的发生。

煤中含硫量增加，尤其含黄铁矿多的煤对输煤管道磨损更为严重，因黄铁矿的莫氏硬度仅次于石英。

总之，煤质变化越大，导致的后果越严重。当灰分和水分增加引起煤质变化时，均应采取增大带式输送机的带速、带宽、增加槽角等方法以增大其出力，以满足锅炉燃煤的需要量。

另外，要加强输煤的技术管理，加强工作人员技术培训，加强设备的维护，克服因煤质煤种的变化给输煤系统造成的困难，努力把输煤工作做好，保证安全生产。

第二章　火车卸煤设备及系统

第一节　翻车机卸车线及卸车过程

翻车机卸车线是一种高效低耗、可大幅度降低劳动强度和提高劳动生产率的专用卸车系统，它是一种在专门的铁路卸车线上，采用机械的力量将装煤的车厢翻转卸出物料的卸车系统，由铁路专用线、翻车机、拨车机（重车调车）、空车调车机（或空车铁牛、推车机）、给煤设备等组成。具有高效低耗，可大幅度降低劳动强度和提高劳动生产率的特点。可翻卸装有块状、粒状或散装物料的通用铁路敞车，广泛用于大型火力发电厂的卸煤作业。

由于各电厂的地理位置和客观环境不同，翻车机卸车线的布置也不同，有的布置在机房与煤场之间，呈纵向布置，有的布置在机房和煤场的外侧，也有的布置在机房与煤场的端部，呈横向布置。不论在哪里布置，翻车机卸车线的布置形式可分为两种：贯通式和折返式。

一、贯通式及折返式翻车机卸车线及卸车过程

（一）贯通式翻车机卸车线

（1）贯通式翻车机卸车线由翻车机、重车铁牛（或重车调车机）和空车铁牛（或空车调车机）等设备组成。贯通式翻车机卸车线适用于翻车机出口后场地较宽广，距离较长的环境，空车车辆可不经折返而直接返回到空车铁路专用线上。

（2）贯通式卸车线有如下几种布置形式：

1）由翻车机、重车铁牛和空车铁牛等设备组成的卸车线（见图 2-1）。后推式重车铁牛将整列重车推送到翻车机前，重车由人工摘钩并靠惯性从有坡度的轨道溜入翻车机内进行卸车；卸完的空车由推车器推出翻车机，并由空车铁牛将其送到空车线上集结。

2）由翻车机、重车铁牛、摘钩平台和空车铁牛等设备组成的卸车线（见图 2-2）。整列重车由前牵式重车铁牛牵引到摘钩平台上，重车由摘钩平台自动摘钩后溜入翻车机进行翻卸；卸完的空车由推车器推出，并由空车铁牛推到空车线。

3）由翻车机、重车调车机（或拨车机）等设备组成的卸车线（见图 2-3）。整列重车由重车调车机牵引到位，靠人工摘钩，重车调车机将单节重车牵到翻车机内进行卸车，卸

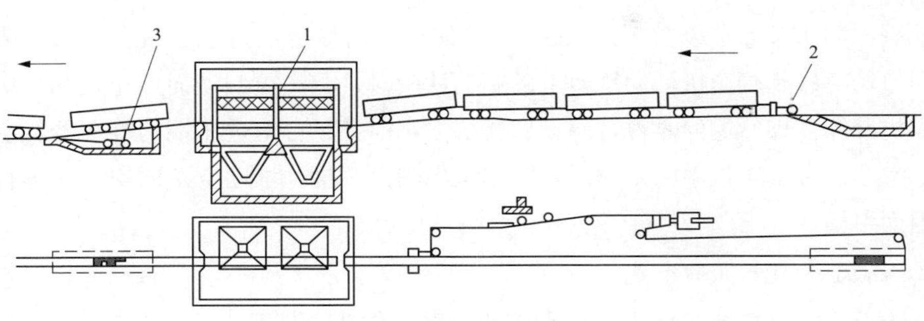

图 2-1　贯通式翻车机卸车线（一）

1—翻车机；2—重车铁牛；3—空车铁牛

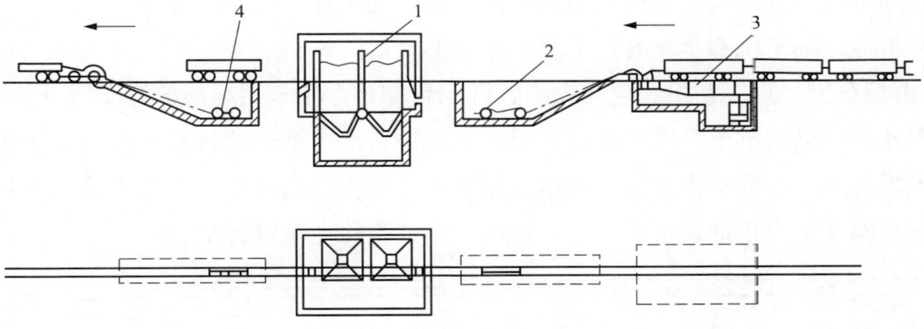

图 2-2　贯通式翻车机卸车线（二）

1—翻车机；2—重车铁牛；3—摘钩平台；4—空车铁牛

完的空车再由重车调车机送到空车线上。

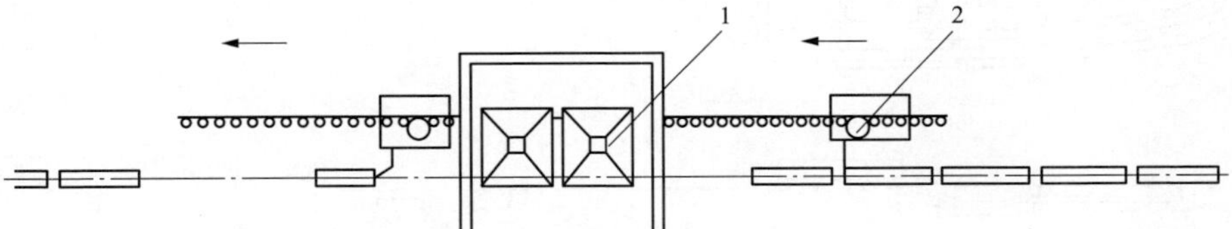

图 2-3　贯通式翻车机卸车线（三）

1—翻车机；2—重车调车机（或拨车机）

（二）贯通式翻车机卸车线的工作过程

下面以重车铁牛、空车铁牛等设备组成的作业线为例说明贯通式翻车机卸车线的工作过程。

待卸的整列重车在翻车机进车端前停稳后，机车车头退出重车线。运行人员做好解风管，排余风、缓解重车制动（即松闸瓦）等工作后，重车铁牛了开始工作。当翻车机在零位，其平台上的定位器处于升起状态时，铁牛驶出牛槽，牛臂上的车钩与重车连接，铁牛以 0.5m/s 的速度推动整列重车机前进，当第 1 节重车进入一定坡度的坡道时，操作人员摘第 1 节重车与第 2 节重车之间的车钩，铁牛运行停止并制动，使第 2 节重车及以后的重车停止前进，第 1 节重车以 0.5m/s 的初速依靠惯性沿坡道溜进翻车机。当第 1 节重车的最前面一组轮对碰到翻车机活动平台上的制动铁靴时，重车被制动而停止，翻车机开始作业。翻车机翻卸完煤后返回零位，制动铁靴落下，活动平台上进车端的推车器将空车推出翻车机。空车溜过空车铁牛的牛槽后，空车铁牛驶出牛槽，推动空车向空车线运行一定距离，再返回牛槽。

（三）折返式翻车机卸车线

（1）折返式翻车机卸车线主要由翻车机、重车铁牛（或重车调车机）、空车铁牛（或空车调车机）和迁车台等设备组成。折返式翻车机卸车线是在厂区平面布置受限制时所采用的一种卸车线布置形式。它与贯通式不同的地方是增加了迁车台设备。

（2）折返式翻车机卸车线有以下几种布置形式：

1）由翻车机、重车铁牛、空车铁牛、迁车台和重车推车器组成的卸车线（见图 2-4）。

重车铁牛将整列重车牵引到位后，由人工摘钩，重车推车器将重车推入翻车机进行翻卸，卸完煤的空车由翻车机平台上的推车器推入迁车台，当迁车台与空车线对位后，迁车台上的推车器又将空车推到空车线上，再由空车铁牛将空车进行集结。

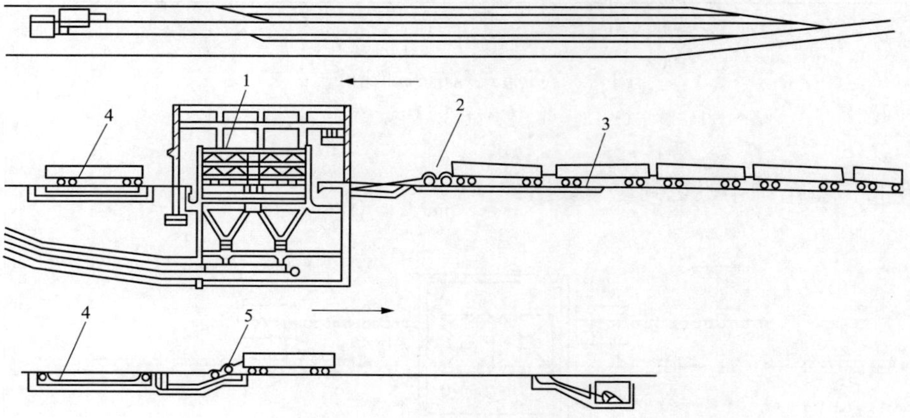

图 2-4 折返式翻车机卸车线（一）

1—翻车机；2—重车铁车；3—重车推车器；4—迁车台；5—空车铁车

2）由翻车机、后推式重车铁牛、迁车台和空车铁牛等设备组成的卸车线（见图 2-5）。

当后推式重车铁牛将整列重车推到位后，由人工摘钩，重车靠坡度溜入翻车机进行翻卸，卸完煤后略空车通过推车器、迁车台和空车铁牛送到空车线上集结成列。

3）由翻车机、重车铁牛、摘钩平台、迁车台和空车铁牛等设备组成的作业线（见图 2-6）。

当重车铁牛牵引整列重车到位后，重车摘钩平台自动摘钩后利用摘钩平台升起的倾斜坡度溜入翻车机进行翻卸，卸完煤的空车通过推车器、迁车台和空车铁牛送到空车线上集结。

4）由翻车机、重车调车机、迁车台和空车调车机等设备组成的作业线（见图 2-7）。

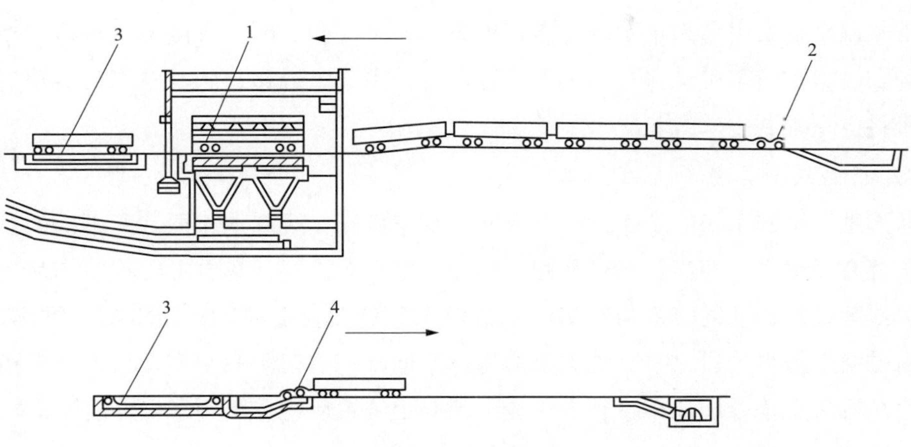

图 2-5 折返式翻车机卸车线（二）

1—翻车机；2—重车铁车；3—迁车台；4—空车铁车

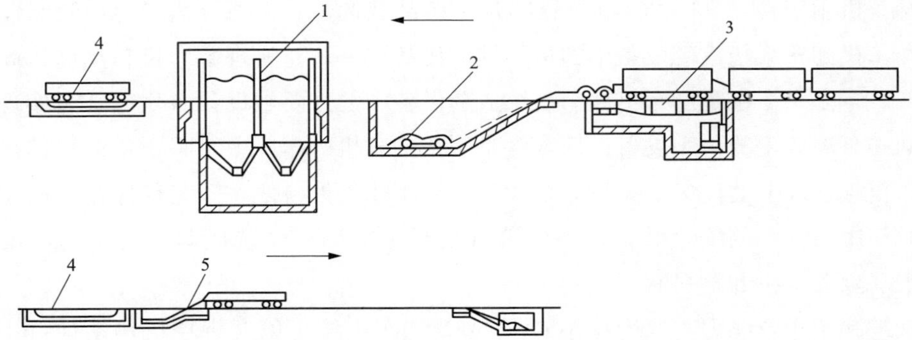

图 2-6 折返式翻车机卸车线（三）

1—翻车机；2—重车铁牛；3—摘钩平台；4—迁车台；5—空车铁牛

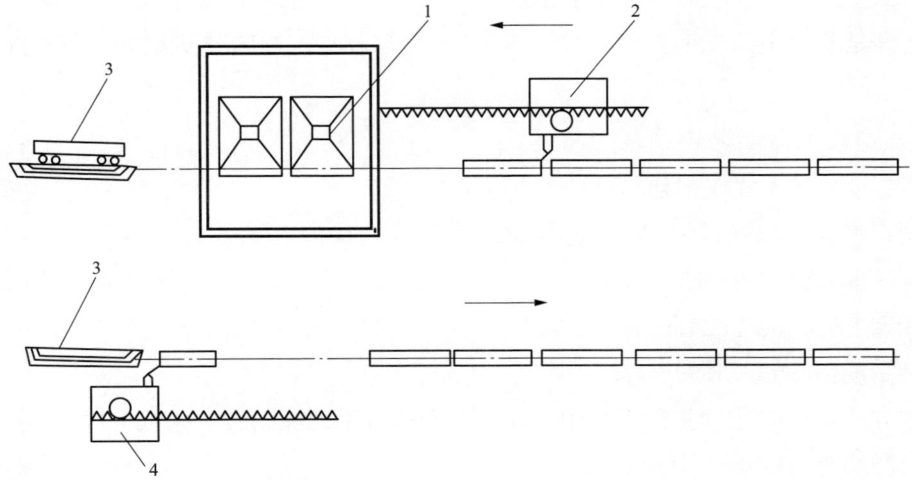

图 2-7 折返式翻车机卸车线（四）

1—翻车机；2—重车调车机；3—迁车台：4—空车调车

当重车调车机牵引整列重车到位后，重车靠人工摘钩，由重车调车机将重车牵入翻车机进行翻卸，重车调车机又将空车送入到迁车台，当迁车台移动到与空车线对位后，由空车调车机将空车推到空车线上。

（四）折返式翻车机卸车线的工作过程

折返式翻车机卸车线的工作过程与贯通式翻车机卸车线基本相同，所不同的是在翻车机之后布置有迁车台，即当翻车机翻卸完煤后，将空车推到迁车台上，将空车从重车线移到空车线，等迁车台上的轨道与空车线轨道对正后迁车台上的推车器将空车推出迁车台。当空车溜过空车铁牛槽后，空车铁牛出槽将空车推出一节车辆的距离，再返回车槽（或者由空车调车机将空车推出迁车台到空车线上的一定位置后，空车调车机再返回原始位置）。

二、折返式翻车卸车系统的工程实例

本翻车机用于翻卸60～80t高边铁路敞车所装载的煤、矿石、焦炭等散物料。重车调车机是翻车机卸车系统成套设备中的重要辅助设备之一，是实现翻车机自动卸车高效率的关键设备。空车调车机是翻车机卸车系统成套设备中的重要辅助设备之一，是实现翻车机系统自动卸车高效率的关键设备。迁车台是用在翻车机卸车线上，将正常卸料的车皮从重车线移送至空车线上的设备。夹轮器系翻车机卸车线上设备之一，是使停止后的车辆不因受到外力作用而移动的安全装置。除尘装置是翻车机卸车系统成套设备中的辅助设备之一，用来消除翻车机卸物料时产生的尘雾。

该系统卸车作业能力大约为每小时40节。卸车系统可以实现单机自动运行，也可进行就地操作，还可调整为全线自动运行。目前已在码头、电厂、钢厂、焦化厂等大型企业散装物料输送系统上获得广泛应用。系统由翻车机、重车调车机及轨道装置、空车调车机及轨道装置、迁车台、夹轮器、安全止挡器、除尘装置、振动煤箅等组成。本翻车机卸车系统用于华能瑞金电厂二期扩建（2×1000MW超超临界二次再热机组）工程双车翻车机设备。

（一）折返式翻车卸车系统介绍

型式：C型转子式双车翻车机，三点支承。

适用车型：C60～C80型现行铁路敞车。

车辆长度：11 938～13 976mm。

车辆宽度：3100～3243mm。

车辆高度：2993～3793mm。

控制方式：PLC程序控制，集中手动控制和机旁手动控制。

综合翻卸能力：≥40节/h。

（二）调车及翻车作业程序

C2型转子式翻车机可与卸车线上其他配套设备联动实现自动卸车，也可由人工操作实现手动控制。作业程序简述如下：

机车顶送整列煤车进厂，将待卸煤车推送至重车调车机作业范围内，夹轮器夹住第1节敞车前轮对，机车摘钩离去，开始翻车作业；动液压站电机，使压车钩上升到最高位置；重车调车机调车臂落下，后钩和整列煤车联挂，夹轮器松开；重车调车机牵引煤车前进，当第1节、第2节煤车进入翻车机，第3辆第3节、第4节煤车行至接近翻车机端盘处时制动，夹轮器夹住第3辆第3节煤前车轮对；人工将第3辆第3节煤和前面的第2辆煤车摘钩；重调机牵引第1节、第2节煤车继续前进，准确停于翻车机上后，重调脱钩，前行，调车臂抬起，重调机返回，重复上述作业。

翻车机本体压车梁下落压住敞车两侧车帮，当压车臂压住、靠板在液压缸的推动下靠向敞车一侧，靠板靠上，重车调车机臂已驶出翻车机平台后，翻车机开始以额定速度翻卸，在翻卸过程中，车辆弹簧力的释放是通过不关闭液压缸上的液压锁来吸收车辆弹簧的释放能量，翻卸到100°后，关闭液压锁，将翻卸车辆锁住，以防车辆掉道。翻车机继续翻卸直到接近160°左右时减速、停车、振动器投入，3s后振动停止，翻车机以额定速度返回，快到零位时减速，对轨停机，停机后，压车钩开始抬起，靠板后退。

当压车梁升到最高位、靠板后退到终端位后，重车调车机牵引第3节、第4节煤车及整列接近翻车机时减速，重调机前钩和翻车机内的第1节、第2节煤车（已翻完）空车挂钩后继续前进；第3辆、第4辆煤车到翻卸位置时制动，后钩摘钩；重调机推送空车离开后，翻车机回转，进行卸车；重调机推送空车到迁车台上定位后摘钩，调车臂抬起，重调机返回，进行下一辆煤车的调车作业；迁车台带着空车移至空车线，对位停稳后，空车调车机推出空车，越过安全止挡器停在空车线上；空车调车机返回起始位置，迁车台返回翻车机出车端。重复上述作业，直至整列煤车全部卸完。此时，空车集结在空车线上，等待机车牵引出厂。

第二节　翻车机的分类和各类翻车机工作原理及性能

一、翻车机分类

翻车机是现代发电厂的重要卸车设备，它具有卸车效率高、生产能力大等特点，并显著地改善了劳动条件，翻车机卸车作业机械化程度高，可采用逻辑控制并实现半自动化和自动化生产，节省人力。所以它广泛应用于以敞车为主，运输粉状、块状以及含有冻块的散状物料（如煤、原矿、粉矿）的铁路运输系统中。

翻车机是一种采用机械的力量将车厢翻转、卸出物料的大型高效率的卸车设备，是现代发电厂的重要卸车设备。按翻车机的翻卸形式、驱动方式、压车形式，可将翻车机分为不同的类型。按翻卸形式可分为转子式翻车机和侧倾式翻车机，端倾式和复合式翻车机4

种类型；按驱动方式可分为钢丝绳传动和齿轮传动两种；按压车形式可分为液压压车式和机械压车式两种；其次国内也有交流拖动、直流拖动、双速传动、“双翻”“三翻”等多种叫法。但国内目前习惯上采用按翻卸形式分类。下面就转子式翻车机和侧倾式翻车机的主要类型及其主要的配套装置进行说明。

（一）转子式翻车机

转子式翻车机是被翻卸的车辆中心基本与翻车机转子回转中心重合，车辆同转子回转175左右，将煤卸到翻车机正下方的受料斗中。转子式翻车机主结构是由转子、平台、压车机构和传动装置组成。

目前火力发电厂常用的转子式翻车机主要有以下几种，FZ150.0 型、M2 型、KFJ-2型、KFJ-2A 型、KFJ-3 型和 ZFJ-100 型、ZFJ2-100 型。它们的基本特征是相同的，只是在压车机构或支承结构上稍有差别，几种转子式翻车机的基本性能，见表 2-1。

表 2-1　　几种转子式翻车机的基本性能

项目		M2 型	KFJ-2 型	KFJ-2 型	KFJ-3 型	FZ150.0
最大载重量（t）		150	100	100	100	100
被卸车型（t 敞车）		30～60	30～60	30～60	30～60	
每小时卸车次		30	30	30	30	30
最大回转角度		175°	175°	175°	175°	175°
最大回转速度（r/min）		1.23	1.428	1.14	1.149	1.09
定位液压缓冲，缓冲器接受的最大速（m/s）				0.6	1.2	
推车器推车速度（m/s）			1.07	0.75	0.75	
转子滚动圆直径（mm）		8140	7300	7300	7300	
电动机	型号	MT-73-10	JZBQ62-10	JZBQ62-10	JZBQ62-10	
	功率（kW）	125	2×45	2×45	2×45	2×37
	转速（r/min）	588	577	582	580	
减速器	型号	ⅡJ-4	ZHL-850ⅢJ	ZHL-850ⅢJ	ZHL-850ⅢJ	
	速比	48.5	36.18	43.75	43.75	
制动器型号			110	128	139.8	105
总速比		426.8	420.05	507	504.786	
开式齿轮	模数（mm）		24	24	25	
	速比		302/26=11.61	302/=11.61	302/26=11.538	
设备总质量（t）		148.6	110	128	139.8	105.9
外形尺寸（长×宽×高，mm×mm×mm）		17 000×10 450×9000	17 000×8750×8000	17 000×9050×8215	17 100×9280×8530	

(二) 侧倾式翻车机

侧倾式翻车机，即将被翻卸的车辆中心远离翻车机回转中心，使车厢内的煤倾翻到车辆一侧的受料斗内。侧倾式翻车机分为两种类型，一种是钢绳传动、双回转点夹钳式压车的侧倾式翻车机，以 M6271 型为代表。另一种是齿轮传动、液压锁紧压车的侧倾式翻车机，以 KFJ-1A 型为代表。

目前火电厂常用的侧倾式翻车机主要有 M6271 型、KFJ-IA 型、CFH-I 型、CFH-2 型。它们的基本特征是相同的，只是在传动方式、回转点以及压车方式上有所区别。几种侧倾式翻车机的基本性能分述如下：

(1) M6271 型技术性能及规范，见表 2-2。

表 2-2　　M6271 型技术性能参数及规范

参数	性能规范	参数	性能规范
最大载重量（t）	≤100	设备质量（t）	77.6
每小时翻卸次数（次）	15～20	配重（t）	19.6
最大翻转速度（r/min）	2.833	翻卸车型（t）	30～60（敞车）
卷筒直径（mm）	1000	最大回转角度	160°
提升高度（mm）	1200	钢丝绳	D-6×37+1-43.5-180
外形尺寸（长×宽×高），（mm×mm×mm）	18.92×9.98×7.39	电动机功率（kW）	115
		总质量（t）	97.2

(2) KFJ-1A 型侧倾式翻车机技术性能，见表 2-3。

表 2-3　　KFJ-1A 型侧倾式翻车机技术性能

参数	性能规范	参数	性能规范
最大载重量（t）	100	每小时翻卸次数（次）	20～30
最大回转角度	160°	最大翻转速度（r/min）	1.028
液压缸（mm）	直径 250	最大行程（mm）	750
正常工作压力（MPa）	5.88	最大工作压力（MPa）	17.65
储能器直径（mm）	250	开闭阀流量（L/min）	220
提升高度（mm）	2700	外形尺寸（长×宽×高），（mm×mm×mm）	25.7×8.7×9.36
电动机功率（kW）	2×100	总质量（t）	175

(3) CFH-1 型和 CFH-2 型侧倾式翻车机技术规范。

CFH-1 型和 CFH-2 型侧倾式翻车机技术性能见表 2-4。

表 2-4　　**CFH-1 型和 CFH-2 型侧倾式翻车机技术性能**

型号	CFH-1	CFH-2
最大起重量（t）	100	100
每小时翻车辆数	30	30
最大回转角度	165°	165°
最大翻转速度（r/min）	1.186	1.186
平台长度×宽度（mm×mm）	18 000×2900	14 000×2800
夹车最大行程（mm）	1130	1200
传动电动机功率（kW）	2×149	2×110
总质量（t）	205	106

二、转子式“C”型翻车机

转子式“C”型翻车机允许重车调车机调车臂通过。重调机装有前后车钩，担负重车线上重车牵引及空车推送作业。是被翻卸的车辆中心与翻车机的回转中心基本重合的翻卸设备。

车辆与转子同时旋转 165°后，将车辆中的煤（物料）翻卸到翻车机正下方的受料斗中，再通过皮带运输机直接送到锅炉原煤斗或煤场。

华能秦煤瑞金发电有限责任公司选用华电曹妃甸重工装备有限公司制造的双车“C”型折返式翻车系统。其结构紧凑，能耗小、且采用液压靠车、夹车，大大降低了车辆的损车率，是一种较为理想的大型卸车设备，其主要技术规范如下：

1. 翻车机设备规范

翻车机设备规范见表 2-5。

表 2-5　　**翻车机设备规范表**

项　目	规　范
型式	折返式三支点双车翻车机
适用车型	C60～C80 型现行铁路敞车
车辆长度（mm）	11 938～13 976
车辆宽度（mm）	3100～3243
车辆高度（mm）	2993～3793
控制方式	PLC 程序控制、集中手动控制和机旁手动控制
翻卸能力	≥40 节/h

续表

项　目		规　范
翻车机本体	型式	C型三支点转子式双车翻车机
	型号	FCD2-220
	额定翻转质量（t）	2×110
	最大翻转质量（t）	2×120
	正常/最大翻转角度	165°/175°
	外形尺寸（长×宽×高），（mm×mm×mm）	31 700×8875×7590
	回转速度（r/min）	≤1.1
平台	平台轨距（mm）	15 000±3(1435)
	钢轨型号（kg/m）	50
驱动装置	主电机型号	YZP315S-6
	功率（kW）	2×90
	转速（r/min）	985r/min
	调速方式	变频调速
	调速范围（Hz）	0～100Hz
	翻转传动方式	齿轮齿圈传动
压车机构	型式	液压压车
	压车力	≤78.4N/40cm
	靠车机构	
	靠车方式	液压靠车
	靠车力	
振动器	振动器型号	VB-546-W
	激振力（kN）	18
	台数	2
抑尘装置	型式	干雾抑尘
	最大耗水量（m^3/h）	<71.9
	最大耗气量（m^3/h）	<24.5
	喷嘴个数	192
	干雾装置外形尺寸（长×宽×高），（mm×mm×mm）	1200×1000×1400
	总质量（kg）	1000
空气压缩机	型式	螺杆式压缩机
	流量（m^3/h）	16
	电机型号	Y160M2-2
	功率（kW）	15
	水箱容积	

续表

项目		规范
供电	供电方式	接线
	总容量	
	电压（V）	380

2. 适用范围

适用于翻卸标准铁路 C60～C80 敞车（见图 2-8）。

图 2-8　C60～C80 敞车示意图

C60～C80 车型参数见表 2-6。

表 2-6　C60～C80 车型参数表

车型	载重量（t）	长（mm）	宽（mm）	高（mm）	备注
C63A	60	11 986	3184	3446	
C60	60	13 908	3160	3137	
C65	65	13 938	3190	3267	
C62	60	13 438	3190	2993	
C64	60	13 438	3100	3190	
C62M	60	13 438	3186	3137	
C62A	60	13 438	3196	3083	
C61	61	11 938	3242	3293	
C70	70	13 976	3242	3143	
C80E	80	13 976	3243	3530	
C80	80	12 000	3242	3793	

3. 转子式翻车机的结构

翻车机本体习惯简称翻车机，是用来将重车调车机牵引入内的重车，通过夹紧和靠车等动作后再进行翻转卸料的设备，是将煤转移到料场或燃烧区的重要关键设备，是翻车机卸车系统重要的单机组成部分。

翻车机主要由转子、压车装置、夹车机构、靠板系统、传动装置、托辊装置、导煤板、电缆支架、润滑装置、行程限位开关等组成。

（1）转子。转子主要由 4 个“C”型翻车机串联组成，单个翻车机由端环、前梁、后梁和平台组成。前梁、后梁、平台与两端环的连接形式为高强度螺栓把合的法兰连接，均为箱形梁结构。其作用是承载待卸车辆，并与车辆一起翻转、卸料。端环外缘有运行轨道以传递载荷到托辊装置上，端环外缘还装有传动齿圈，用以与主动小齿轮啮合驱动翻车机转子翻转。端环为“C”型开口结构，以便重车调车机大臂通过翻车机，平台上铺设轨道，供车辆停放和通行。端环上设有周向止挡，其作用是防止翻车机回位时越位脱轨。转子结构如图 2-9 所示。

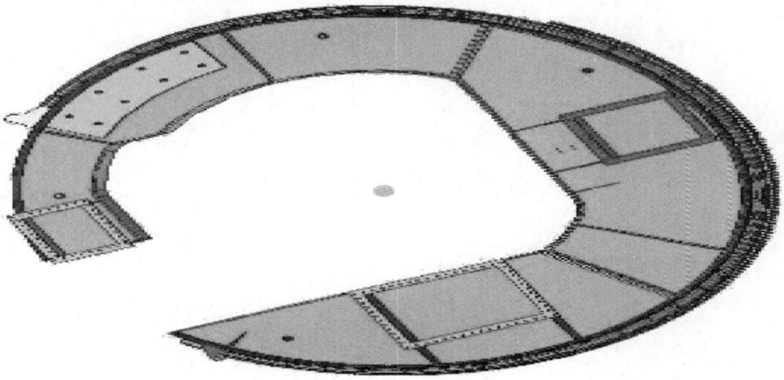

图 2-9　转子结构图

平台为焊接金属结构，其上有钢轨、护轨，各种车型都能按规定位置停于翻车机上（见图 2-10）。

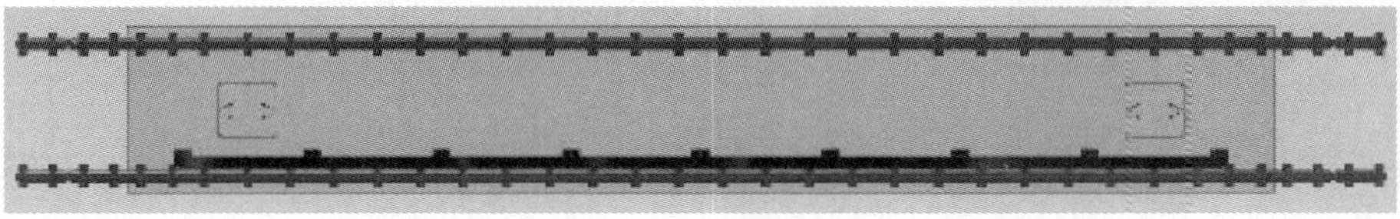

图 2-10　翻车机平台装置

（2）压车装置。翻车机压车装置（见图 2-11）由压车架、液压缸等组成，其作用是由上向下压紧车辆，在翻车机翻转过程中支承车辆并避免冲击。倾翻侧与非倾翻侧各有两个压车装置，倾翻侧的压车装置与后梁连接，非倾翻侧的压车装置与前梁连接，每个压车装置由一个液压缸驱动，垂直上下运动，压车装置与车帮接触的部位安装天然橡胶缓冲垫，使车帮受力均匀，减小冲击。

（3）夹车机构。翻车机夹车机构由分别安装在靠车梁和小纵梁上的四对压车臂组成，压车臂上与车帮接触部分装有缓冲橡胶，夹车机构运行时不损车帮。

夹车机构由液压缸操纵，安装于靠板后面及小纵梁的内侧。压车装置每个压车臂由两个油缸驱动，翻卸前压住车辆，在翻卸过程中，车辆弹簧的释放由液压系统的平衡油缸进

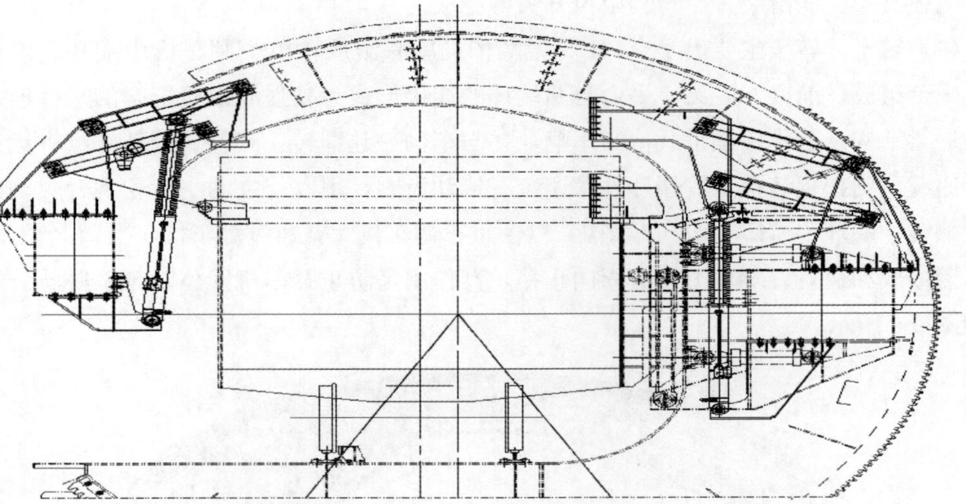

图 2-11　翻车机压车装置

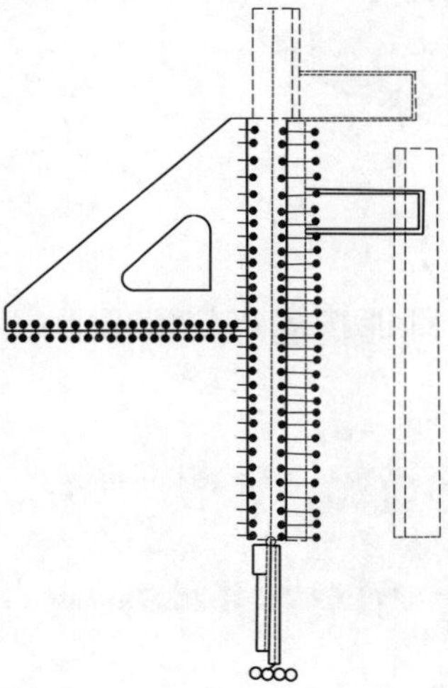

图 2-12　夹紧装置结构图

行补偿。

夹紧装置由夹紧架液压缸等组成，如图 2-12 所示。其作用是由上向下夹紧车辆，在翻车机翻转过程中支承车辆并避免冲击。倾翻侧与非倾翻侧各有 8 个夹紧装置，倾翻侧的夹紧装置与后梁铰接，非倾翻侧的夹紧装置与前梁铰接，每个夹紧装置由一个液压缸驱动，垂直上下运动，夹紧装置与车帮接触的部位安装天然橡胶缓冲垫，使车帮受力均匀，减小冲击。

(4) 靠板系统。靠板装置主要由靠板体、液压缸、耐磨橡胶板、撑杆等组成，如图 2-13 所示。其作用是侧向靠紧车辆，在翻车机翻转过程中支承车辆并避免冲击。倾翻侧的靠板上部铺设钢板，作为卸料时的导料板。

靠板体是组合工字梁结构，靠车面安装有耐磨橡胶板避免冲击，采用螺栓连接以便更换，反面与支承在后梁上的 4 个液压缸铰接，在液压缸的驱动下可前、后移动，其自重由铰接在平台上的 2 个撑杆支承。靠板体两端安装挡板，其作用是保证靠板作平行移动。在每组翻车机靠板上分别安装有一组靠板开关装置，用于在靠板靠到车辆时发出到位信号。

(5) 传动装置。传动装置主要由电动机、减速器、制动器、联轴器、传动齿轮、底座及轴承座等组成，如图 2-14 所示。其作用是驱动翻车机转子部分翻转。传动装置共两套，独立工作，安装在翻车机两端，电动机为交流变频电动机，其特点是有较高的过载能力，

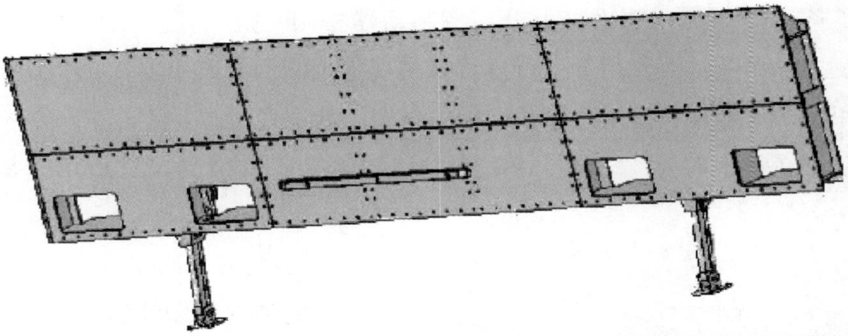

图 2-13　靠板结构图

减速器为硬齿面圆柱齿轮减速器，其特点是体积小、承载能力大、效率高。

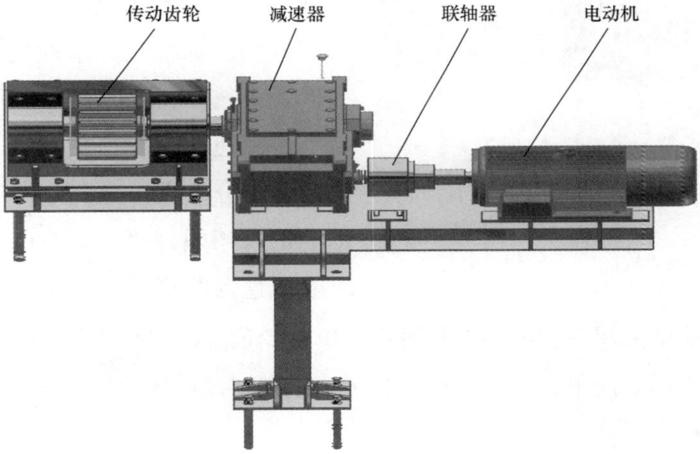

图 2-14　翻车机传动装置

下面就驱动装置各主要部件介绍如下：

1）制动器。制动器是翻车机的机械安全保护装置，每套翻车机有 2 台制动器，进出端各有 1 台，属于一种双保护形式，可以实现翻车机在任意角度的制动。

制动器分为两种型式：

① 块式制动器。块式制动器结构简单，安装、调整、维修都很方便，由于两个制动瓦块对称布置，在结构满足一定条件时，压力基本相互平衡，作用在制动轮轴上的径向载荷很小，最大制动力矩较大，在起重机械中得到广泛应用。

块式制动器主要由制动轮、制动瓦块、制动弹簧、制动臂、松闸器、机架等主要部分组成。依靠安装在机架上的制动瓦块与转轴上的制动轮之间的摩擦来实现制动。

② 电力液压推杆制动器。如图 2-15 所示，电力液压推杆制动器，采用电力液压推杆代替长行程制动器中的杠杆系统和电磁铁，作为松闸器。当机构工作时，电力液压推

杆内的小电动机通电旋转，驱动离心油泵（叶轮）将活塞上部中的液压油甩出，经通道进入活塞下部，推动活塞和推杆上升，使制动器松闸；机构停止工作时，小电动机断电，活塞及推杆在弹簧力作用下下行复位，实现抱闸制动。其主要优点是制动平稳、噪声小、体积小、重量轻、使用寿命长、推力恒定，所需电动机功率小（0.06～0.4kW），允许频繁动作（每小时达 720 次）。缺点是结构复杂、价格高，只适用于旋转、运行机构。

图 2-15　电力液压推杆制动器

1—调整螺母；2—弹簧；3—推杆；
4—动力缸；5—制动片

2）减速器。减速器是一种封闭在刚性壳体内的独立传动装置。其作用是降低转速、增大转矩，把原动机的运动和动力传递给工作机。减速器结构紧凑、效率较高、传递运动准确可靠，使用维护方便、可以成批生产，因此应用非常广泛。常用减速器我国已标准化、系列化，有专门厂家生产，其技术参数可查阅有关手册。

减速器主要由传动件、轴、轴承和箱体 4 部分组成。其中传动件有的采用齿轮，有的采用蜗杆蜗轮，有的二者都用。大多数减速器的箱体采用中等强度的铸铁铸造而成，重型减速器则采用高强度铸铁和铸钢，单件少量生产时也可用钢板焊接而成。减速器箱体的外形要求形状简单、表面平整。为了便于安装，箱体常制成剖分式，剖分面常与轴线平面重合。

瑞金电厂二期工程翻车机使用的减速箱为卧式齿轮减速箱，型号为 H3SH12 型（弗兰德），减速比为 31.5∶1。

3）传动齿轮。齿轮在啮合传动时会产生摩擦和磨损，造成动力损耗，使传动效率降低。因此，对齿轮传动，特别是高速重载齿轮传动的润滑非常必要，良好的润滑不仅可以减少齿轮传动的磨损、降低噪声，还可以保证散热和防锈蚀。

齿轮传动的润滑方式，主要由齿轮圆周速度和具体工况要求确定。闭式齿轮传动中，当齿轮的圆周速度 $v<10$m/s 时，通常采用大齿浸油润滑，其润滑原理是齿轮运转时大齿轮将油带入啮合齿面进行润滑，同时将油甩到箱壁上散热；当 $v\geqslant10$m/s 时，通常采用喷油润滑，即以一定的压力将油喷射到轮齿的啮合齿面进行润滑并散热；对速度较低的齿轮传动或开式传动，可采用人工定期润滑。

齿轮润滑油的选择，由齿轮的类型、工况、载荷、速度和温升等条件决定。可参考表 2-7 进行选择。

表 2-7　　　　**常用润滑油的性能和用途**

类别	品种代号	号牌	运动黏度 $(mm^2/s)(40℃)$	黏度指数	闪点（℃）	倾点（℃）	主要性能用途	说明
工业闭式齿轮油	L-CKB 抗氧防锈工业齿轮油	46	41.4～50.6	不小于90	180	不大于－8	具有良好的抗氧化性，抗腐蚀性等适用于齿面应力在 500MPa 以下一般封闭式齿轮润滑	L 为润滑剂类代号、L-CKE 涡轮蜗杆油的国家标准正在制定，目前执行企业标准
		68	61.2～74.8		180			
		100	90.0～110		180			
		150	135～165		200			
		220	198～242		200			
		320	288～352		200			
	L-CKC 中负荷工业齿轮油	68	61.2～74.8	不小于90	180	不大于－8	具有良好的抗压抗磨性、热氧化安定性，适合于冶金、矿山、机制等工业中负荷（600～1100MPa）闭式齿轮润滑	
		100	90.0～110		180			
		150	135～165		200			
		220	198～242		200			
		320	288～352		200			
		460	414～506		200			
		680	612～748		200			
	L-CKD 重负荷工业齿轮油	100		不小于90		不大于－8	具有更好的极压抗磨性，抗氧化性，适用中、重负荷齿轮传动	
		150						
		220						
		320						
		460						
		680						
主轴、轴承油	主轴油（SH 0017—1990）	N2	2.0～2.4	—	60	凝点不高于－15℃	主要适用于精密机床主轴轴承的润滑及其他以压力、油浴、油雾润滑方式的轴承润滑。N10 可作普通轴承用油	SH 为石化部标准代号
		N3	2.9～3.5		70			
		N5	4.2～5.1		80			
		N7	6.2～7.5	90	90			
		N10	9.0～11.0		100			
		N15	13.5～16.5		110			
		N22	19.8～24.2		120			
全损耗系统用油	L-AN 全损耗系统用油（GB/T 443—1989）	5	4.14～5.06				不加或加入少量添加剂，质量不高，适用于一次性润滑，和某些要求较低、换油周期较短的油浴式润滑	原来的机械油
		7	6.12～7.48					
		10	9.0～11.0					
		15	13.5～15.5					
		22	19.8～24.2					
		32	28.8～35.2					
		46	41.4～50.6					
		68	61.2～74.8					
		100	90.0～110					
		150	135～165					

传动齿轮的维护注意以下几点：①使用齿轮传动时，在启动、加载、换挡及制动的过程中应力求平稳，避免产生冲击载荷；以防止引起断齿等故障。②经常检查润滑系统的状况，如润滑油量、供油状况、润滑油质量等，按照使用规则定期更换或补充规定牌号的润滑油。③注意监视齿轮传动的工作状况，如有无不正常的声音或箱体过热现象。由于润滑不良和装配不合要求时容易造成齿轮失效，因此在保证正确的安装工艺的同时采用声响监测和定期检查也是发现齿轮有无损伤的重要方法。

4）联轴器。齿轮式联轴器是由两个半联轴器用螺栓连接而成（见图 2-16），每个半联轴器由内齿和外齿轮组成。内外齿轮相互啮合，齿廓为渐开线，其啮合角通常为 20°，轮齿数目一般为 30～80 个。在齿轮处注入润滑脂并密封，可减少齿面的磨损和防锈。翻车机使用的齿轮联轴器为半齿轮联轴器，该联轴器直接与带凸缘的驱动轴相连，采用铰制孔螺栓连接。

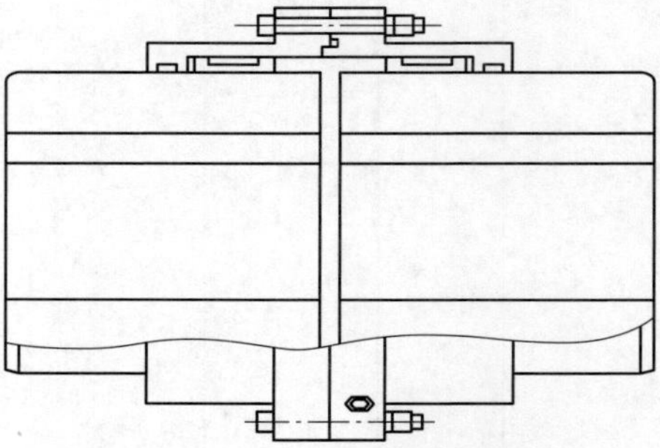

图 2-16 齿轮联轴节

制造齿轮联轴器的材料一般为 45 号锻钢或铸钢。轮齿必须经过热处理，其硬度应达到以下标准：半联轴器不低于 HB=248，外壳不低于 HB=286。

因齿轮联轴器的齿面和端部有间隙，且齿面做成弧形，在使用过程中允许有较大的径向位移和角位移（见图 2-17），以补偿两轴间的偏差。安装使用过程中齿轮联轴器允许的径向位移 E 满足 $E \leqslant 0.08$mm，采用鼓形齿时允许的角位移 θ 满足 $\theta \leqslant 1.5$。

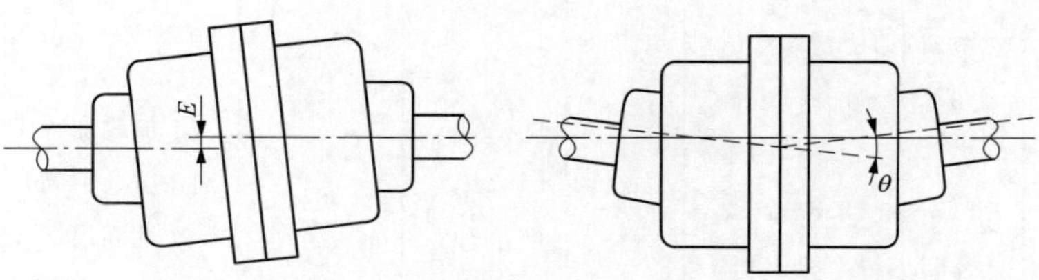

图 2-17 联轴器使用过程中允许有较大的径向位移和角位

齿轮联轴器轮齿全部承载，传递的转矩很大；外扩尺寸紧凑而小，工作可靠。制作成本高。用于启动频繁、经常正反转的传动中。齿轮联轴器也用于高速传动中。制造精度高、经过很好平衡的齿轮联轴器，轮齿节圆的圆周速度甚至高达 50～80m/s。

齿轮式联轴器两个半联轴器用铰制孔螺栓连接，螺栓杆和铰制孔基孔制过渡配合，有良好的承受横向载荷的能力和定位能力。

（6）托辊装置。托辊装置主要由辊子、平衡梁、底座、底梁等组成，如图 2-18 所示。其作用是支承翻车机翻转部分在其上旋转。

托辊装置共有两组，安装在翻车机两端，每组托辊装置有 4 个辊子，每两个辊子组成一个辊子组分别支承在端环的左下方与右下方，每个辊子组的两个辊子由可以摆动的平衡梁连接，以保证每个辊子与轨道接触。

（7）导料装置。导料装置主要由导料板、导料架等组成，如图 2-19 所示。安装在两端环内侧，导料板的作用是将翻卸的物料导入支承框架后落入煤斗，防止煤在翻卸过程中溢出坑外和撒落在托辊装置上，同时以保护支承框架不受翻卸物料所伤。

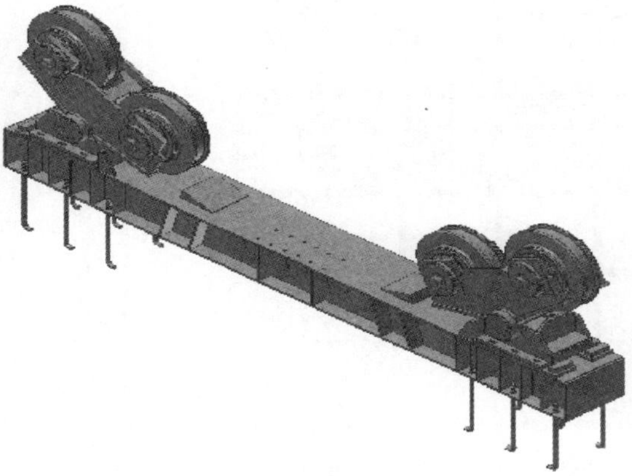

图 2-18 翻车机托辊装置

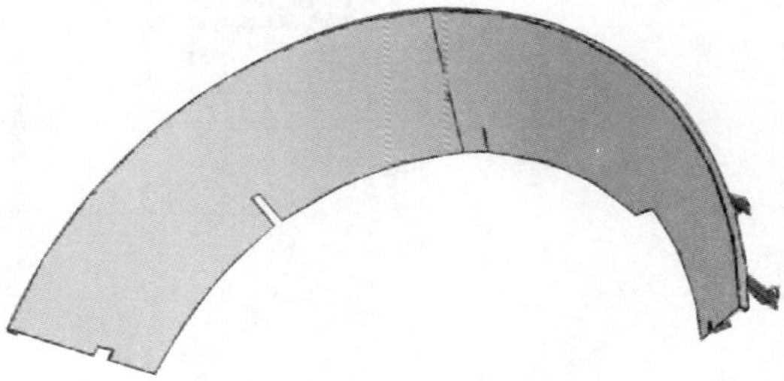

图 2-19 导料装置结构图

（8）端部止挡。端部止挡共两组，安装在翻车机两端，作用是限制翻车机沿车辆运行方向窜动，其结构如图 2-20 所示。端部止挡由两个止挡座组成，一个安装在端环上，另一个固定在基础上。

（9）振动器。振动器主要由振动电动机、振动体、缓冲弹簧、橡胶缓冲器等组成，如图 2-21 所示。其作用是振落车厢内残余物料，振动器共 4 个，安装在靠板上，其振动板凸出靠板平面 20mm。

（10）平台。平台为焊接金属结构，其上有钢轨，各种车型都能按规定位置停于翻车机上，在平台两端有辊座与基础上的端部止挡接触以及端环和传动底座的止挡接触，以使平台上的轨道与地面上的轨道对准，如图 2-22 所示。

（11）支承装置。支承装置主要由托辊组、支承框架、底座等组成。其作用是支承翻车机翻转部分在其上旋转，如图 2-23 所示。

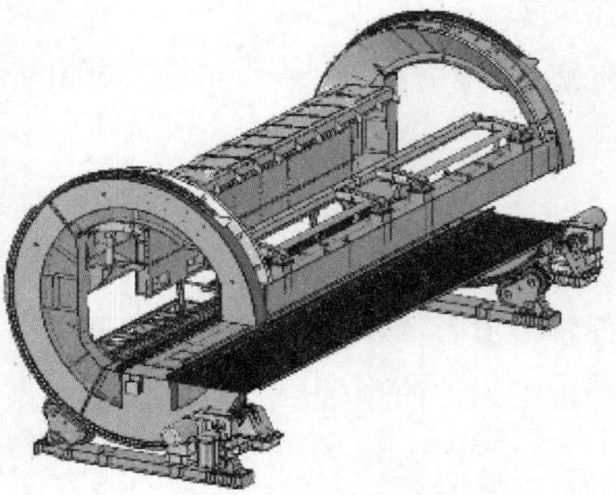

图 2-20 端部止挡结构图

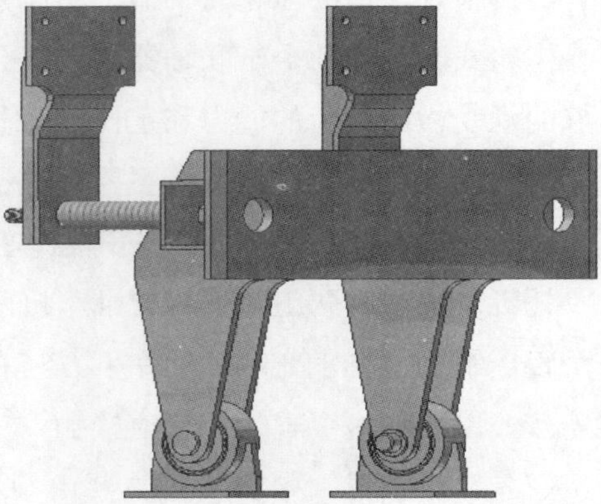

图 2-21 翻车机振动器

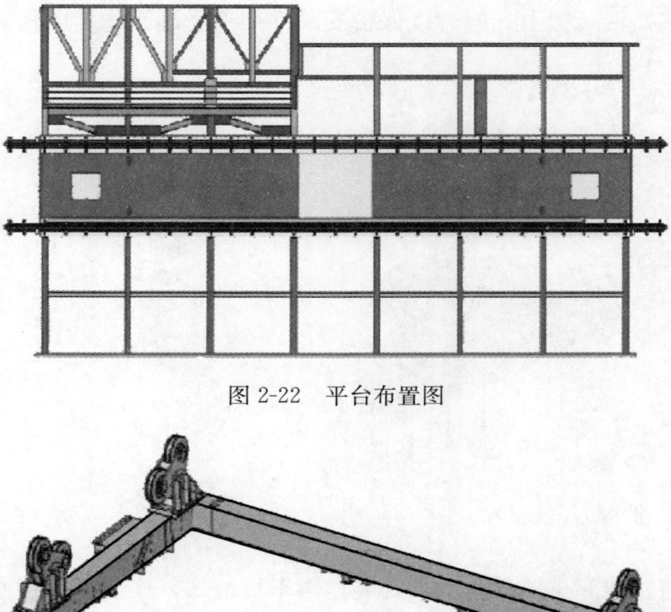

图 2-22 平台布置图

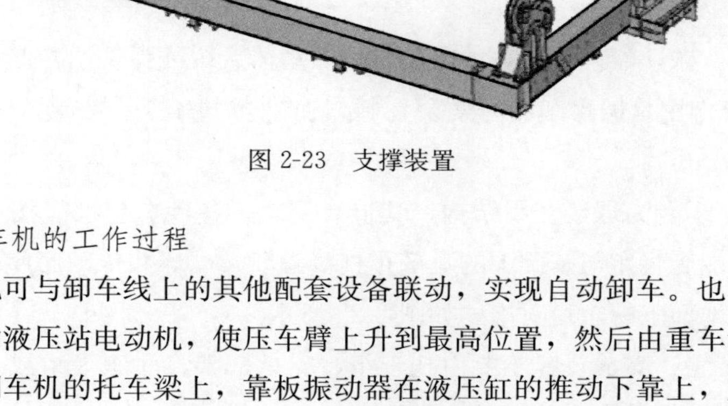

图 2-23 支撑装置

4. 转子式翻车机的工作过程

转子式翻车机可与卸车线上的其他配套设备联动，实现自动卸车。也可由人工操作实现手动控制。启动液压站电动机，使压车臂上升到最高位置，然后由重车调车机牵引一节重车准确定位于翻车机的托车梁上，靠板振动器在液压缸的推动下靠上，压车臂下落压住敞车两侧的车帮，当靠板靠上，压车臂压住，重车调车机已驶出翻车机后，翻车机开始以正常速度翻卸，在翻卸过程中，车辆弹簧的释放是通过不关闭液压缸上的液压锁来吸收弹簧释放的能量。

当翻卸到 90°时，关闭液压锁，将翻卸车辆锁住，防止车辆掉道，翻车机继续翻转，接近 160°左右时减速，停机，振动器工作，3s 后振动停止。翻车机以正常速度返回，离零位 30°时，压车臂开始抬起，快到零位时减速，对轨停机，停机后，靠板后退，插销插入，当压车臂上到最高，靠板后退到最后，插销完全插到位后，重车调车机牵引第二节重车进入翻车机，同时顶出已翻卸完的空车，翻车机就完成了一个工作循环。翻车和翻车过程如图 2-24 所示。

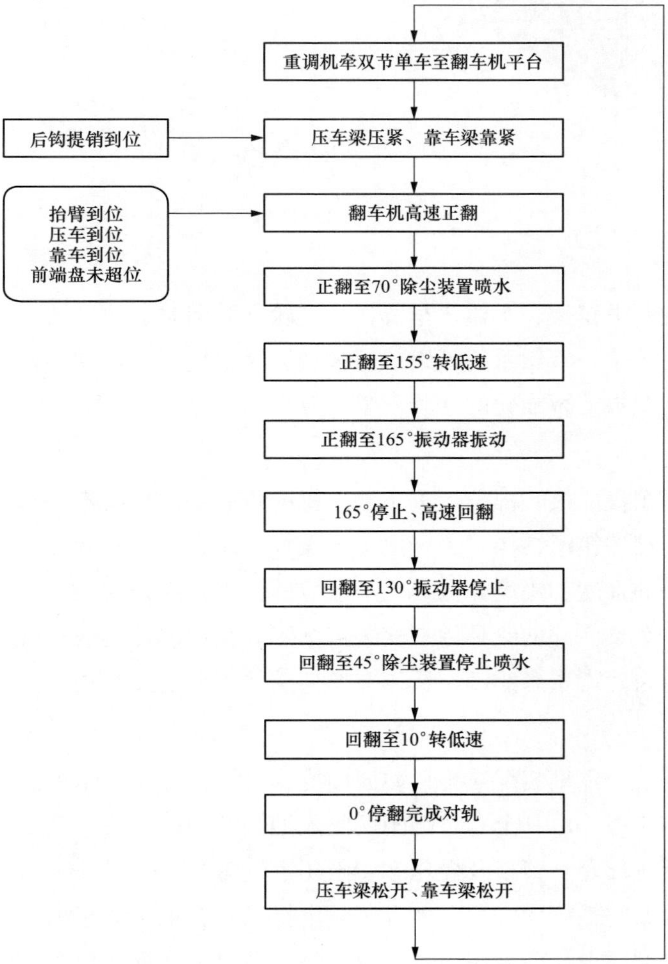

图 2-24　翻车机翻车过程

第三节　重车调车的结构和性能

重车调车机是翻车机系统的一个主要辅助设备，与“C”型翻车机配套，用来将重车牵入翻车机定位，并推送翻卸后的空车在迁车台上定位。也称为拨车机。重车调车机如图2-25所示。

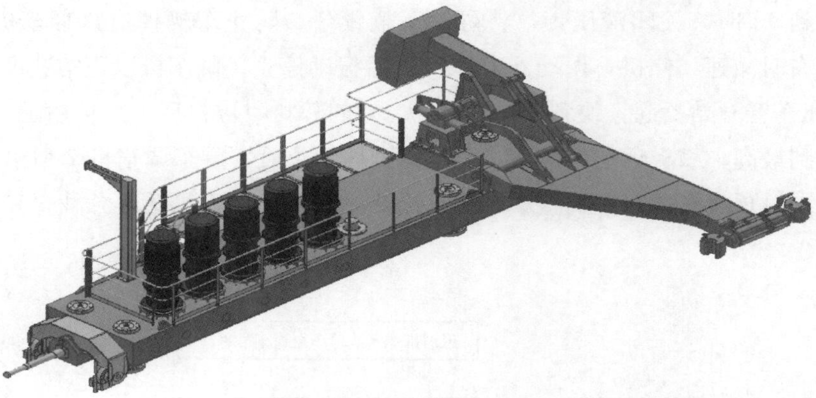

图 2-25　重车调车机

一、结构

重车调车机主要由车架、车体、车臂、行走轮、导向轮、驱动装置、缓冲器、电缆悬挂装置、行走限位开关、液压系统等组成。传动装置采用齿轮传动，调速装置采用三相交流电源直接供电的全数字智能化的变频调整装置。

（一）车架

车架是重车调车机的核心部分，重车调车机的所有部件均固定在车架上而成为一个整体。它是用钢板焊接的箱形结构，大体由上下盖板、左、中、右立板、前后立板及一些隔板组成，具有很好的强度和刚度，贯穿上下盖板的许多孔用来安装驱动装置、位置检测装置和导向轮装置。车架前部的铰耳用来安装拨车臂。其他部件均通过螺孔与车架固定。由于重车调车机通过齿轮齿条来驱动，所以对车架的加工精度要求较高。

（二）车体

重车调车机是一个重型装配式箱形截面结构。设计符合来自牵引满载轨道车厢进入翻车机斜面的负载和应力。由一个有足够刚度的大型钢结构件组成，其上有足够的空间能够装下传动部套、行走部套、臂架及操作室，液压系统等。

车体为钢板焊接的整体构件，车体上装有牵推车列的重车调车机车臂及驱动装置。

车体的强度和刚度设计满足牵引需要及在急停情况下保证车体不变形、不损坏。车体上设有手动的操作箱，用来机上手动操作。车体上设有供维修人员上机的梯子和栏杆。

车体与传动装置、导向轮等结合位置需要加工。设计时也包含吊环，定好其大小，使其能够在车间和在现场安装时起吊组装的重调。

（三）车臂

车臂为钢板焊接箱体构件，在车臂两端部设有钩头装置、液压自动摘钩装置和推两节重车的缓冲装置。

车臂钩头装置可起双向缓冲作用，吸收重车调车机牵引重车列时的运行阻力和停车时的惯性冲击力，其缓冲作用是由内部双向安装的缓冲橡胶垫完成的，保护车臂不受额外的惯性冲击。车臂钩头装置使用车钩为中国标准 13 号车钩。

车臂的俯仰动作是由液压驱动的摆动油缸和平衡油缸来实现。在车臂下落时，车臂的重力势能通过平衡油缸、蓄能器储存起来；在抬臂时被释放出来。在车臂下落时，蓄能器和平衡油缸起平衡作用；在抬臂时，蓄能器和平衡油缸起辅助动力源作用，实现车臂的抬起。

重调大臂上的车钩通过一个安装在重调臂上的小型液压缸动作控制实现液压摘钩。在有的重车调车机中，车臂的俯仰动作是由液压驱动的摆动油缸和车臂配重来完成。

调车臂及其回转机构是重车调车机完成调车作业的关键部件。调车臂是一焊接结构件，其头部两端装有车钩用来牵引或推送车辆，头部内部腔内装有橡胶缓冲器，在重车调车机与车辆接钩时起减震和缓冲作用，头部还装有提销装置及钩舌检测装置，用来实现与车辆的自动脱钩和检测钩舌的开闭位置。调车臂通过耳板和销轴与车架铰耳相连并可绕其回转。调车臂可向上回转至与地面垂直，其回转动作由臂回转机构实现。臂回转机构由提升支架、配重四连杆机构、齿条缸及其驱动的连杆机构组成，可实现拨车臂回转平稳、准确、可靠。重车调车机调车臂机构如图 2-26 所示。

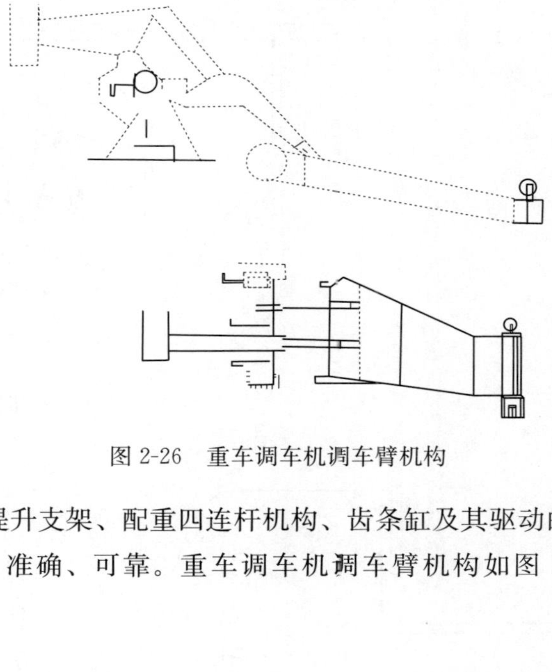

图 2-26　重车调车机调车臂机构

（四）行走轮与导向轮

1. 行走轮

调车机共装有 4 个行走车轮、车轮不带轮缘、其外圆经过热处理，表面淬硬。车轮由轴承支承在心轴上，一对车轮用钢性联接在车体上，并与车体焊接成一体。另一对车轮装有可调整的弹簧机构与车体弹性连接。其作用有三点：其一通过调节使车体保持水平，以确保传动小齿轮与地面齿条啮合时为线啮合；其二是减少振动；其三是保证 4 个车轮都能承受调车机车体的重量。

4 个行走轮（见图 2-27）在车体的前后两端，支撑车体于重车调车机轨道上，其中三个为固定支撑，一个为弹性支撑，其目的是为保证 4 个行走轮能同时着轨、支承力均衡。重车调车机固定轮装置如图 2-28 所示，行走轮结构如图 2-29 所示。

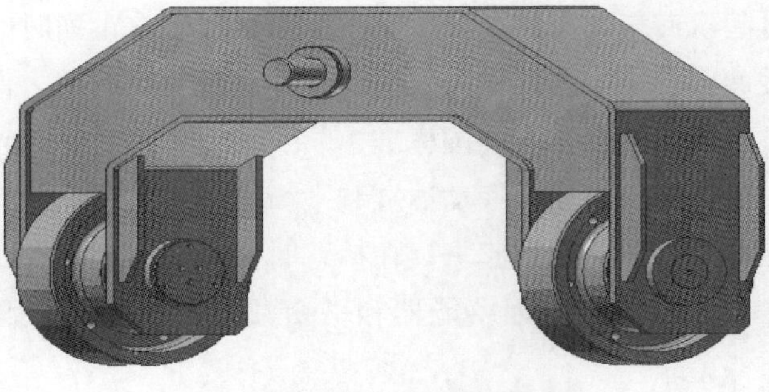

图 2-27 重车调车机平衡轮组

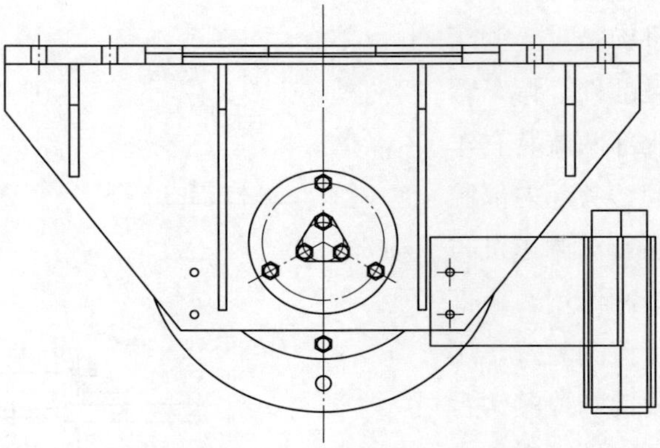

图 2-28 重车调车机固定轮装置

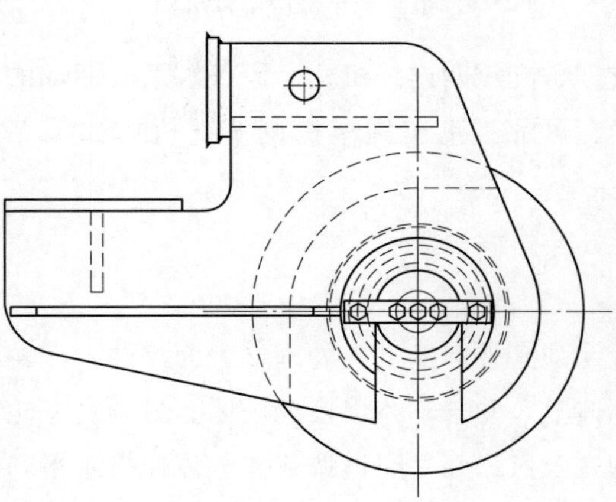

图 2-29 行走轮结构

2. 导向轮

由于调车机与车辆平行布置，当调车机牵引车辆时，必然产生一个较大的转矩，使调车机有转动趋势，因此，在车体装有导向轮。导向轮可借助于导向块的反作用力以保证调车机在运行时不发生偏转掉道，还有一个作用就是通过导向轮克服在牵引车辆时所产生的扭矩。重车调车机共有 4 个导向轮装置，导向轮的踏面作用在中央导轨两侧踏面上，保证重车调车机在轨道上行驶，并承受重车调车机因牵引车辆而产生的水平面内的回转力矩。导向轮轴相对导向轮支架中心线有 15mm 的偏心，通过转动导向轮支架可以调整导向轮和导轨之间的间隙，同时可以调整驱动齿轮和地面齿条的安装距及侧隙。重车调车机导向轮装置如图 2-30 所示。

（五）驱动装置

重车调车机驱动装置的作用主要是实现重车调车机的轴向位移，重车调车机大臂带动火车车皮移动，实现系统作业。

驱动装置根据系统设计形式不同，其组成也稍有差异，但整体都是采用变频电动机、盘式制动器、立式行星减速器、联轴器、驱动小齿轮、齿条驱动形式来完成动作的。重调为经行星减速箱驱动小齿轮组成各自独立的驱动装置，使驱动小齿轮与重车调车机行走轨道中间齿条啮合，带动重车调车机在轨道上移动。

每组驱动装置包括驱动电动机、带式制动器、尼龙柱销联轴器、行星减速器和小齿轮组成。驱动装置传动如图 2-31 所示。

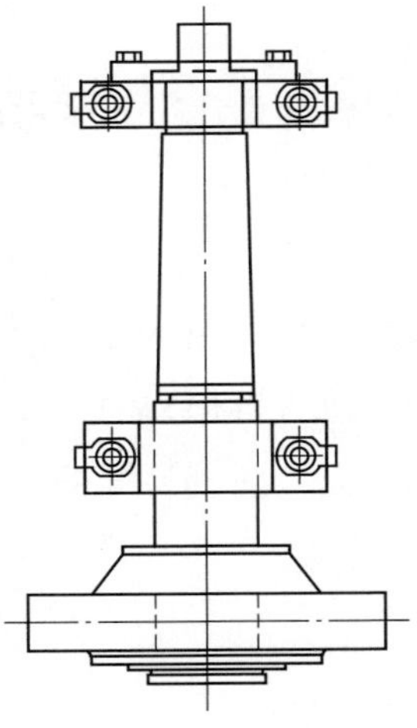

图 2-30 重车调车机导向轮装置

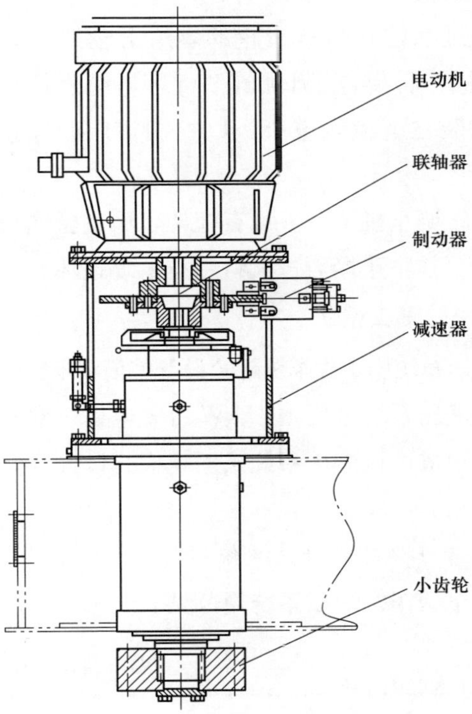

图 2-31 驱动装置传动图

重调齿轨装置的设计，按照牵引满载的 5000t 轨道车厢时所产生的驱动力和反作用力。

重车调车机的两条运行轨道平行于铁路主轨道。轨道两端设有水泥止挡块，重车调车机车体两端设有液压缓冲装置，当重车调车机行至两端极限位置时，缓冲装置与止挡块接触并阻止重车调车机驶出轨道。

重车调车机依靠驱动小齿轮同设置在地面上的齿条啮合带动重车调车机行走。这可保证准确的机械良好的定位精度。齿条分段相连地安装在导向底座上，位于重车调车机行走轨道中部，导向底座标高高于行走轨道标高，由地脚螺栓与基础连接。

轨道用来支撑产生的垂直负载。所有的水平横向负载通过导向块经导向轮平衡，并平衡连续齿条的牵引力的分力。导向块有机加工面以便与重调导向轮接触接触。齿条为铸钢件，有机加工安装面安装在导向块上。

（六）缓冲器

缓冲器为2个具有强大缓冲容量缓冲器，万一在机械故障或误操作时，调车机失控，它可以吸收过量的冲击能量，使调车机能较平缓地停止下来。

（七）电缆悬挂装置和行走限位开关

重车调车机动力电源和控制信号采用悬挂电缆方式传输，由地面接线箱通过悬挂电缆及悬挂装置接到机上接线箱。

通过悬挂在带有滑轮的多组滑轮架上的临近轨道的电缆系统，将电力和控制线路连接到重调，与重调轨道平行。电缆悬挂在位于重车调车机外侧的电缆支架上。限位开关安装在电缆轨道上，以控制重调的停止位置，并在重调移动时提供一个安全联锁装置。

重车调车机平台上设有拖架，由钢丝绳与滑轮架组相连，牵引和推送滑轮架沿高架轨道行走，并防止接力过大将悬挂电缆损坏。

（八）液压系统

液压系统用于翻车机配套设备重车调车机以及其他列车牵引设备的牵车臂的提升和落下。

该液压系统主要由15kW卧式电机、双联叶片泵、换向阀、执行机构、油箱、蓄能器等装置组成。该液压系统采用集成式设计，体积小。结构紧凑，无渗漏，易维护，操作简便、可靠。

1. 重车调车机液压系统规范

重车调车机液压系统规范见表2-8。

表2-8　　重车调车机液压系统规范表

项　目		规　范
系统工作压力		12MPa（臂升降机构）
		3MPa（提销与驱动装置）
系统工作流量		69L/min（臂升降系统流量）
		11L/min（提销与驱动装置）
油液		HM-46
油箱容积（L）		950
油泵	型号	PV2R12-10-41-F-REAA
	最高使用压力（MPa）	17.5
	排量（mL/r）	10/41

续表

项目		规范
电动机	型号	Y180M-4B35
	转速（r/min）	1470
	功率（kW）	18.5
	电压（V）	380
电加热器（2个）	型号	HRY2-220/2
	功率（kW）	2
	电压（V）	220
各机构设定值	大泵压力（MPa）	11～14
	小泵压力（MPa）	3.5～5
	电加热器投入工作（℃）	15
	电加热器停止工作（℃）	25
	大臂升降安全压力（MPa）	14
	蓄能器充气压力（MPa）	3～4.5
	减压阀调定压力（MPa）	5～5.5
	蓄能器安全压力（MPa）	13
	抬臂时间（s）	13
	落臂时间（s）	12
	摘钩时间（s）	4

2. 液压系统主要结构及其作用

（1）油箱。油箱的用途主要是储油和散热。泵站的动力部件，液压回路及集成块全部装在油箱顶板上。顶板四周设有污油槽，维修和更换液压元件及密封时散漏的液压油可集中从排污口排出。

为防止液压系统工作时，由空气带入油箱尘埃和加油过程中混入颗粒杂质，油箱顶部还设置有液压空气滤清器，侧面装置的液位计和清洗窗，便于观察液位、液温及油箱内部的清洗，寒冷的北方液压站油箱上设置有油加热器。

（2）液压动力源。本系统动力源由7.5kW或15kW立式电机驱动YB2型中高压叶片泵获得，电动机与油泵装置在可翻转的油泵电动机连接板上，便于油泵和滤油器的更换和清洗。

（3）系统控制部分及其他。系统液压回路均采用集成块和板式联接方式，集成度高、占用空间小、维修方便，所有接管部分均使用焊接式管接头，密封可靠。

3. 液压系统工作原理

液压系统主要有以下三个作用：抬落臂、摘钩、制动。

双联泵通过弹性联轴器从电动机得到机械能后，经滤油器从泊箱吸油，然后泵的两个出口分别输出压力为 p_1、p_2 的油。p_1、p_2 分别由卸荷阀调定。压力油经卸荷阀至集成块，压力油分两路，一路经叠加阀至摆动油缸；另一路经叠加阀至平衡油缸，摆动油缸、平衡油缸联动，完成大臂抬落。压力为 p_2 的油经卸荷阀分两路，分别完成提销和制动。蓄能器在抬臂时蓄能，落臂时释放能量，并为平衡油缸提供背压及补充循环油。

二、重车调车机技术性能及技术参数

重车调车机设备规范见表 2-9。

表 2-9 重车调车机设备规范表

项目		规范
型式		齿轮齿条传动
型号		ZDS2-6000
最大牵引吨位（直线道）（t）		6000
速度	调车机工作（牵车或推车）速度（m/s）	0.8
	返回速度（m/s）	1.4
	接车速度（m/s）	≤0.3
行走机构	拖动方式	齿轮齿条
	工作行程（m）	65
	行走轨距（mm）	1500±2
	重车调车机本体与车钩中心距（mm）	4700±3
	车钩中心距轨面（mm）	840±5
	行走轨型号（kg/m）	50
	铁路轨型号（kg/m）	50
	调速方式	变频调速
	最大轮压	t
	驱动电动机型号	YZP315S-6（立式）
	功率（kW）	5×90
	转速（r/min）	1000
	数量（台）	5
减速器	减速器型式	立式行星减速机
	速比	20
	数量（台）	5
	制动器制动力矩（N·m）	1600

续表

项　　目		规　　范
调车臂	调车臂起落方式	采用液压+配重驱动方式
	摘钩方式	液压自动摘钩
	臂升/臂降	8S/8S
	动作时间（s）	12
供电装置	供电方式	拖链
	电压（V）	380
夹轮器	型式	浅坑式
	型号	JLQ1-600
	夹紧力（kN）	600
	动作时间（s）	3
	最大张开角度油缸行程（mm）	130
	适用车辆型号	普通
	电机型号	Y132S-4
	功率（kW）	5.5
	轨道型号（kg/m）	50
	允许进车速度（m/s）	0.6
	安全止挡器	AQZ50
	设置位置	迁车台进口
	单向止挡器	DZ-1
	设置位置	迁车台出口

三、重车调车机的工作过程

重车调车机在不同的布置方案中可以有不同的运行工作过程。一般来讲，与翻车机配套运行过程如图 2-32 所示。

由机车将整列重车皮推送到自动卸车区段，重调机与车辆挂钩，使第 2 辆车皮的前转向架处于夹轮器位置，人工或自动将第 1 辆车钩摘掉，重调车机将第 1 辆重车皮牵到翻车机平台上定位，重调机自动摘钩抬臂。并退出翻车机，同时翻车机开始翻卸. 重调机返回与第 2 辆重车皮挂钩，同时夹轮器松开，重调机将整车列牵动，使其位移一个车位，夹轮器夹紧第 3 辆重车皮前轮时，人工或自动将第 2 辆与第 3 辆连接的车钩解开，重调机将第 2 节重车皮牵至翻车机平台上定位并摘钩，然后将卸空的空车皮推往迁车台定位，重调机摘钩抬臂并返回，如此循环，直至将整列车车皮卸完。

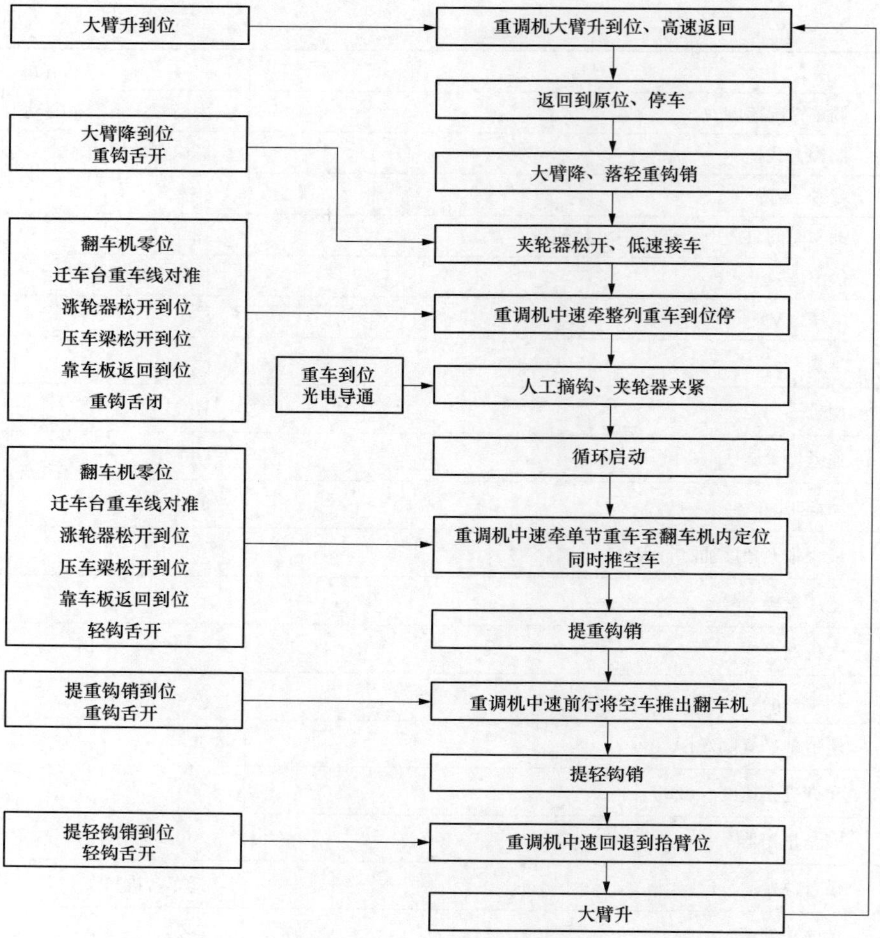

图 2-32　重车调车机流程图

第四节　空车调车机的结构和性能

空车调车机是翻车机卸车线辅助设备之一，它在平行于空车线的轨道上往复运行，与迁车台配合作业，将空车皮集结在空车线上，以便将翻卸过后的车辆由调度机车拉走。

一、空车调车机的结构

空车调车机是一台电动侧臂列车推动装置，设计成能编组空车厢，使其成对地离开迁车台。空车调车在轨道上行走，有齿条与导向块。空车调车机主要由车架、车体、行走车轮、导向轮、车臂和传动装置、驱动装置等组成，如图 2-33 所示。

（一）车架

车架是空车调车机的核心部分，空车调车机所有部件均固定在车架上而成为一个整

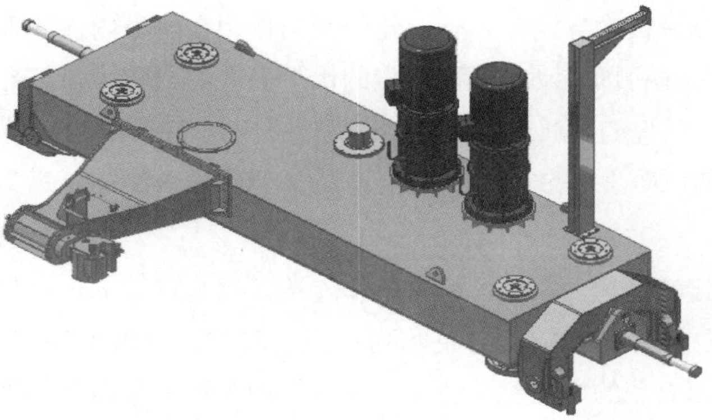

图 2-33　空车调车机

体，它是用钢板焊接的箱形结构，大体上由上、下盖板、左、中、右立板、前后立板及一些隔板组成。其具有很好的强度和刚度，贯穿上、下盖板的许多孔用来安装驱动装置，车架前部的法兰用来安装推车臂，其他部件均通过螺栓与车架固定。由于空车调车机通过齿轮齿条传动，因此对车架的加工精度要求较高。空车调车机架如图 2-34 所示。

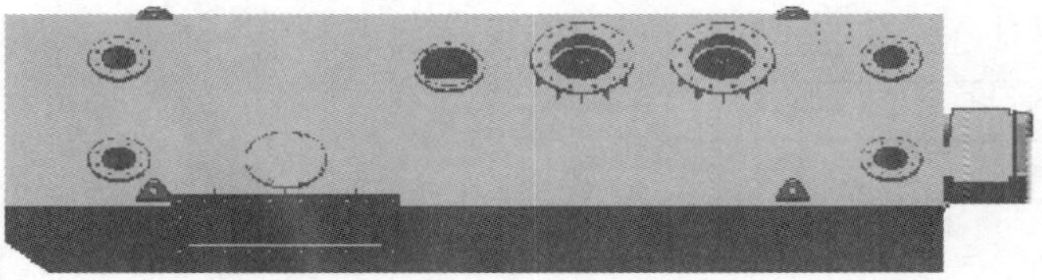

图 2-34　空车调车机车架

（二）行走车轮

空车调车机装有 4 个行走车轮。为了保证 4 个车轮踏面同时和轨道接触，3 个车轮焊接在车体上，另 1 个车轮装有可调整的弹簧机械与车体弹性连接。其作用有三：①通过调节使车体保持水平；②是减少振动；③保证四个车轮部能承受调车体的重量。空车调车机弹性轮装置如图 2-35 所示。

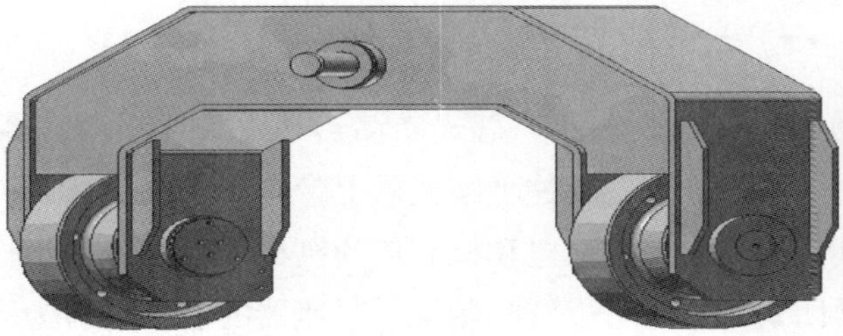

图 2-35　空车调车机弹性轮装置

（三）导向轮

空车调车机机装有四个导向轮，导向轮的踏面作用在轨道内侧踏面上，保证空调机在轨道上行驶并承受推车机因推动车辆而产生的水平面内的回转力矩。导向轮轴相对导向轮支架中心线有 15mm 的偏心，通过转动导向轮支架可以调整导向轮和导轨之间的间隙，同时可以调整驱动齿轮和地面齿条的安装距离及侧隙。空车调车机导向轮装置如图 2-36 所示。

（四）车臂

车臂为钢板焊接箱体构件，用螺栓与车体连接，在车臂端部设有钩头装置。车臂钩头装置可起缓冲作用，吸收推送空车与空车列时连接时的运行阻力和停车时的惯性冲击力，其缓冲作用是由内部安装的缓冲橡胶垫完成的，保护车臂不受额外的惯性冲击。空车调车机车臂如图 2-37 所示。

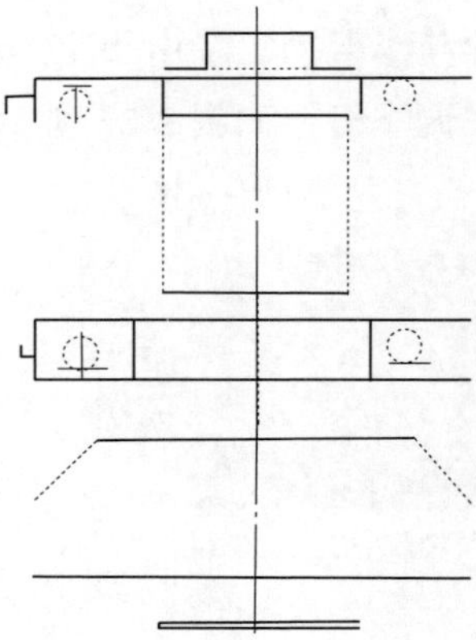

图 2-36 空车调车机导向轮装置

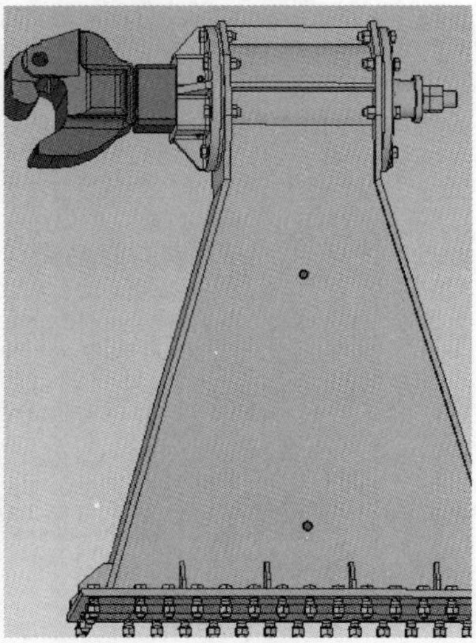

图 2-37 空车调车机车臂

车臂钩头装置使用车钩为中国标准 13 号车钩。

（五）传动装置

调车机有 2 套传动装置。调车机的牵引力是由 2 组齿轮啮合在地面上一根齿条上获得的，每个驱动单元由传动电动机、摩擦离合器、液压推杆制动器、回转减速机、传动轴及传动轴上的小齿轮组成，每个行走驱动装置自成一体。

（六）驱动装置

驱动装置由电动机，安全联轴器，盘式制动器，立式行星减速器以及驱动齿轮等组成。传动机构采用立式行星减速器，这种减速器上带有安全联轴器，可通过调整碟形弹簧的压紧程度来调整其传递的力矩，对电动机和传动机构都起过载保护作用，减速器上还带有盘式制动器，为常闭式，通电可以解除制动，减速器的输出端即为驱动齿轮和地面齿条相啮合，使可驱动整个空车调车机前进。空车调车机驱动装置如图 2-38 所示。

二、空车调车机工作过程

当空车车辆由迁车台送至与空车线对位后，空车调车机启动，将空车车辆推送到空车线上，空车车辆全部离开迁车台后，迁车台返回到重车线。空车调车机运行一段距离后，在限位开关的作用下停止运行，然后电动机反转，空车调车机返回到起始位置。当迁车台运送第二节空车到空车线对位后，空车调车机便开始推送第二节空车，以此程序进行循环作业，直至推送完最后一节空车为止。

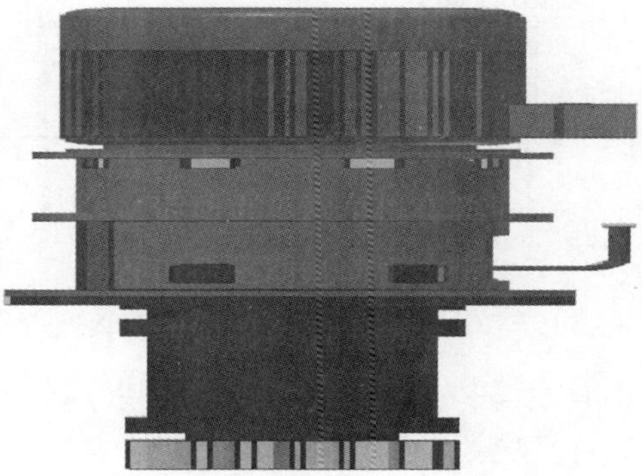

图 2-38 空车调车机驱动装置

三、空车调车机的技术性能

空车调车机设备规范如表 2-10 所示。

表 2-10 空车调车机设备规范表

项目		规范
基本参数	型式	固定大臂
	额定推送能力（t）	1500
	工作速度（m/s）	0.7
	返回速度（m/s）	1.4
	接车速度（m/s）	≤0.3
行走机构	工作行程（m）	60
	驱动方式	齿轮齿条
	轮距（mm）	1500±2
	车体与车钩中心距（mm）	3150±3
	车钩中心距轨面（mm）	880±5
	行走轨型号（kg/m）	50
	铁路轨型号（kg/m）	50
	调速方式	变频调速
	最大轮压（t）	10
	驱动电动机型号	YZP280M-6（立式）
	功率（kW）	75
	转速（r/min）	1000
	防护等级	IP54
	数量（台）	2
	减速器型号	立式行星减速机
	制动方式	外置液压
	速比	20
	数量（台）	2
	制动器制动力矩（N·m）	1400

续表

项目		规范
车钩	调车臂起落方式	固定式
	供电方式	拖链
	电压（V）	380
	声讯信号	声光报警

四、空车调车机的主要特点

（1）空车调车机是“C”型翻车机行车系统中的辅机之一，是实现翻车机系统高效自动化的关键设备。作用是将已翻卸的空车都推送到空车线上集结，采用齿轮齿条传动，因而运行平稳，定位准确。

（2）走行轮采用3个固定轮，一个弹性轮，保证4个轮子的踏面同时与轨道保持接触，弹性轮可通过弹簧压紧螺栓来调整轮压。

（3）采用4个导向轮，保证重车调车机在轨道上行驶，并承受重车调车机因牵引重车而产生的水平面内的回转力矩，导向轮轴相对有20mm的偏心量，可调整齿轮弥补因安装和设备磨损而产生的误差。

第五节　迁　车　平　台

迁车台是将车辆从重车线移至空车线的一个移动台设备，在折返式布置系统组合设备之中，称作迁车台。迁车台的作用是将2节空轨道车厢从翻车机离开轨道运送到空车线出口轨道。迁车台进出车端都配装有一个安全止挡器，以防止空车厢退回到迁车台或翻车机本体。

迁车台可以左行（沿进车方向看，往左行者）亦可右行（沿进车方向看，右行者），两者技术性能及结构形式均相同，仅仅区别于车架上的电缆线导架的布置位置与基础滑线对应关系。

一、迁车台的结构

迁车台由车架、驱动装置、传动装止挡装置、缓冲装置等组成，如图2-39所示。

（一）车架

车架是由板材及型钢焊接而成。它是迁车台的主体，其上铺有钢轨，供车辆进入、停止及推出之用，并承受车辆的全部负荷。

涨轮器、车辆缓冲器及厂名牌均安装在车架上，为减小迁车台工作及返回停止时的冲击，在迁车台两侧分别装有缓冲器，为使迁车台上钢轨与基础钢轨更好地对准，在迁车台

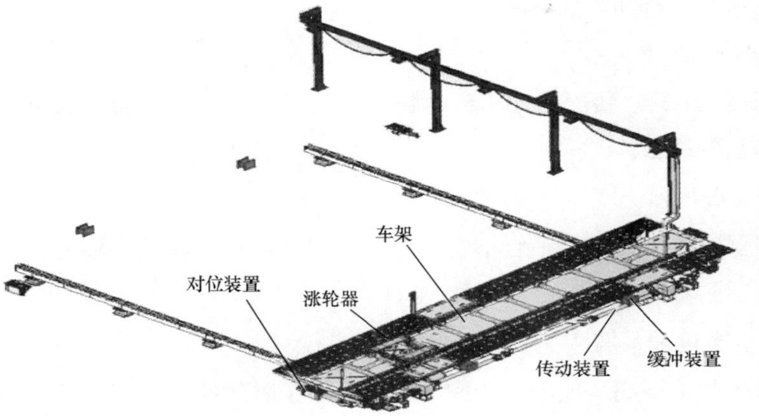

图 2-39 迁车台主要部件

的两端装有对位插销装置。

涨轮器主要由动力系统和左右两侧的平行四连杆机构组成。工作时，动力系统收缩，左右两侧平行四连杆机构上的涨板压紧车轮，依靠其摩擦力实现空车车厢在迁车台上定位，迁车台至空车线上，则涨轮器打开，空车车厢在空车调车机作用下顺利通过。迁车台涨轮器如图 2-40 所示。

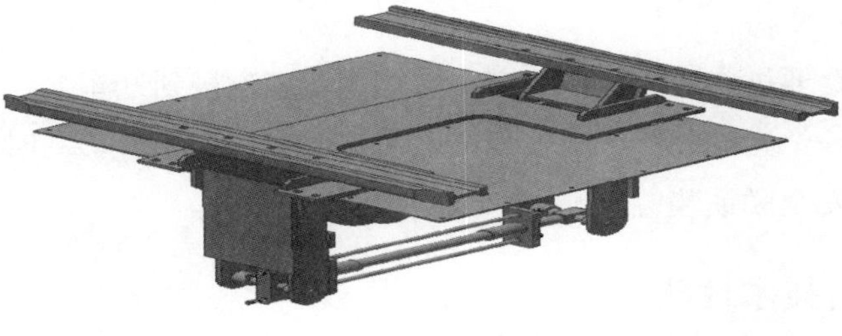
图 2-40 迁车台涨轮器

（二）行走部分

行走部分是由一组销齿轮驱动装置（见图 2-41）和两组从动走行轮组成。驱动装置由一台电动机驱动减速机，通过传动轴驱动两个齿轮与地面齿条啮合，驱动迁车台运行。两

图 2-41 迁车台驱动装置

组从动走行轮承载设备和车皮的载荷。

（三）侧部止挡器

侧部止挡器（4 组）装配于迁车台两侧旁，配有聚氨酯缓冲器，以防止变频失速条件下，减少迁车台的冲击。

（四）平台止挡器

平台止挡器安装于迁车台平台钢轨端部边，起缓冲稀释溜放车辆冲击力的作用，以防止轨道车厢退回到翻车机。

（五）迁车台缓冲装置

为减少事故载重下或其他因素造成的迁车台停止时的冲击，在车架两侧均装有液气缓冲器，正常工作条件下，对位装置对位后液气缓冲器与基础上橡胶垫板接触但无压缩量，在事故载重下或其他非正常情况下，缓冲器压缩而起到缓冲作用。

（六）迁车台对位插销装置

为使迁车台上钢轨和基础上钢轨对准，设有对位装置，对位装置安装于迁车台两端，主要由电液推杆、插销、插座组成。在空车线或重车线附近，迁车台减速、制动停止后，制动器打开，这时对位装置开始工作，插销插入基础上的插座内，从而使迁车台上钢轨和基础上钢轨对位准。迁车台开始运行之前，插销收回。

（七）电缆支架总成

电源和控制线路通过一个悬挂在轨道上的挂缆系统连接到迁车台。电缆悬挂在电缆滑车上。限位开关和一个光电装置系统安装在电缆支架上，迁车台移动时，控制迁车台的停止位置并提供一个安全联锁装置。

二、迁车台的技术性能

迁车台设备规范见表 2-11。

表 2-11　　迁车台设备规范表

项目		规范
基本参数	型式	齿轮销齿传动
	安装方式	
	额定载重量（t）	50
	最大载重量（t）	220
行走机构	工作行走速度（m/s）	0.63
	对位速度（m/s）	≤0.15
	迁车行程（m）	11
	行走轨距	
	最大轮压	
	行走轨道型号	

续表

项　　目		规　　范
行走机构	铁路轨型号	
	驱动电动机型号	YZP250M-6
	功率（kW）	30
	转速（r/min）	1000
	防护等级	IP54
	制动器型号	电力液压臂盘式制动器
	数量	1
	减速机型号	
	速比	25
	数量	
	供电方式	
	电压	
	总功率	
	声信号	

注　迁车台设有机械或电控的对轨安全联锁装置。

三、迁车台的主要特点

（1）车台是“C”型翻车机行车系统中的辅机之一，作用是将翻卸后的空车由重车线迁移到空车线后由空调推出集结，其关键是对轨准确与否。迁车台采用变频调速，速比为1∶10，能确保精确对轨，同时也提高了设备运行的平稳性。

（2）车台端部采用液压插销装置，能保证迁车台在空车调车机推车过程中不因受侧向力影响而发生错位，避免了车辆掉轨的可能性。

（3）车台上设有液压涨轮器，使车辆在迁车台上可靠地定位。

（4）车台侧面设有液压缓冲器，保证事故载重或其他非正常情况下，起缓冲作用。

四、迁车台的工作过程

迁车台的动作可以和翻车机联锁，也可以单独操作，当翻车机一个工作循环完毕，停于其上的车辆（包括事故时物料未卸出的车辆）经过地面安全止挡器，开始进入迁车台本体。

此时车台两端液压插销牢固插入地面插座，可供车辆自由驶入迁车台，到达迁车台上，涨轮器夹紧车辆后，液压插销解除锁定状态，迁车台向空车线移动。在变频器的调速作用下，迁车台以0.61m/s的速度，减至零速、对准空车线。到位后，插销锁定，涨轮器松开夹板，空车被空调机推出迁车台。插销回收，迁车台移至重车线，完成一个工作循环。迁车台和空车调车机的工作流程，如图2-42所示。

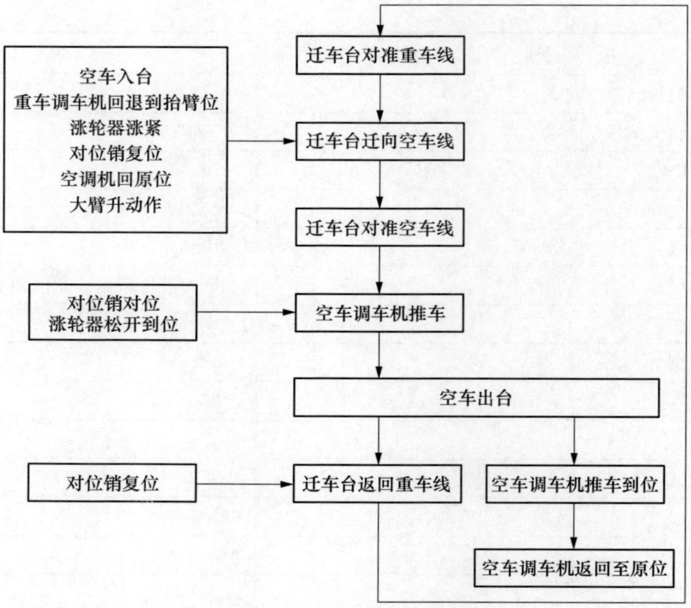

图 2-42 迁车台和空车调车机工作流程

第六节 翻车机系统其他附属设备

一、夹轮器

夹轮器是利用夹轮板与车轮轮缘的摩擦力，使铁路车辆（车列）定位的机械设备。作为翻车机卸车作业的配套设备，夹轮器是用来夹持车辆，防止车辆非正常情况下在铁路线上溜放的一种安全设备。夹轮器如图 2-43 所示。

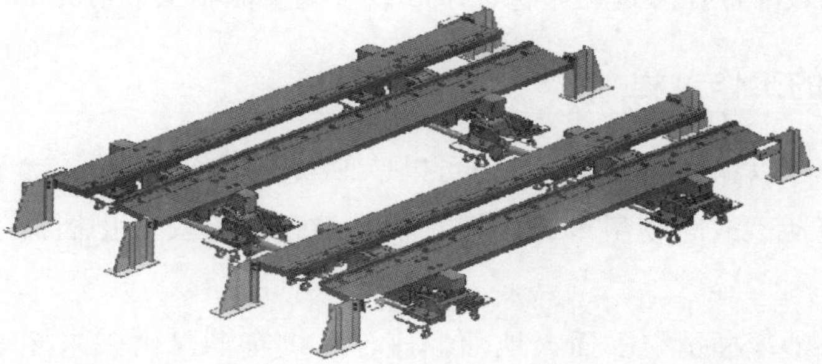

图 2-43 夹轮器

（一）主要结构

夹轮器主要由挡板、夹轮器夹板、支架、液压装置等组成。

（1）夹轮器夹板。夹轮器夹板直接作用在车轮两侧，防止车轮移位．如图 2-44 所示。

（2）液压装置。主要由电动机、叶片泵、控制阀、油箱及其附件、集成块、工作介质、过滤器、管件、液压缸等组成，其主要作用是满足夹轮器所需液压传动的动作要求。

（二）工作过程

电动机驱动液压泵向夹轮器液压缸提供压力油，由液压缸驱动连杆．连杆又带动小连杆和夹轮板支架运动，形成夹轮器的夹紧和松开。

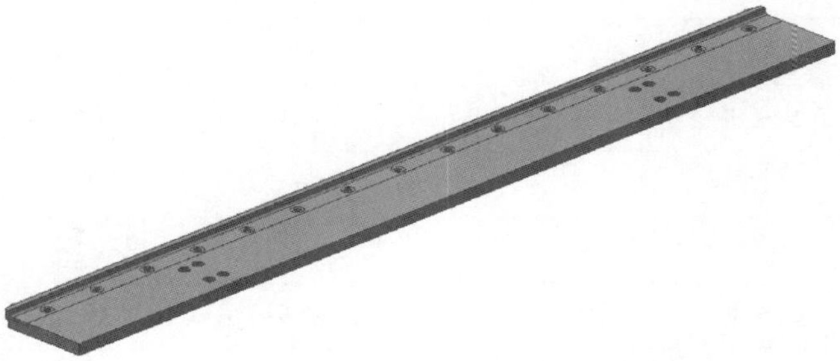

图 2-44　夹轮器夹板

二、安全止挡器

安全止挡器安装在重、空车线与迁车台地坑连接处的地面上。其功能是只允许车辆沿一个方向运行，即防止空车溜回翻车机及迁车台坑。安全止挡器由制动靴、弹簧及推杆组成。

当迁车台移动至重车线时，迁车台上的端头斜板推移地面安全止挡器的推杆，打开制动靴，让车辆进入迁车台，当迁车台离开重车线后，推杆在弹簧力的作用下，恢复制动靴。以防止翻车机上的车辆由于误动作被推入迁车台地坑，起安全隔离作用。

华能秦煤瑞金发电有限责任公司采用 AZQ501.00AZQ1-50 型安全止挡器，其主要技术参数如表 2-12 所示。

表 2-12　　安全止挡器技术规范

项　目	规　范
设置位置	迁车台重车线进口，空车线出口
型式	弹簧回弹式
适用轨道型号	50kg/m 钢轨

三、翻车机干雾抑尘系统

（一）技术参数

干雾抑尘的技术参数见表 2-13。

表 2-13 干雾抑尘系统技术参数

序号	名称	规格和型号	单位	数量
1	干雾抑尘主机	HYPW-01	套	2
2	喷雾箱总成	HY-SWX-7	套	48
3	喷雾箱总成	HY-SWX-8	套	8
4	喷雾控制箱	HYPW-AW	套	16
5	喷嘴	SU26	件	400
6	空压机	90kW	台	2
7	储气罐	$8m^3$	台	2
8	水箱	$4m^3$	台	2
9	增压泵	流量 $10m^3/h$，扬程 80m，功率 4kW	台	2
10	自动反冲洗过滤器	配套	台	2
11	压缩空气管线/水管线（镀锌管）	DN65/40/25/20	批	1
12	配电箱	HY-DK-3A	台	2
13	动力及控制电缆	配套	批	1
14	电伴热保温（含电伴热控制箱）	配套	批	1
15	桥架及穿线管	配套	批	1
16	安装附件	配套	批	1

（二）干雾抑尘装置的组成

干雾抑尘系统采用模块化设计技术，由干雾抑尘主机、储气罐、配电箱、水气分配箱、自动反冲洗过滤器、水气连接管线等和控制信号线组成。

1. 干雾抑尘主机

干雾抑尘主机由 PLC 逻辑控制器、断路器、继电器、触摸屏、接线端子、变频器、电动球阀、手动球阀、气源过滤器、压力表、压力传感器等元器件组成，机体为碳钢喷塑，防护等级为 IP55 标准。面板触摸屏有气、水压力显示和手动、自动操作按钮，且设有集成化编程的电控模块实现自动控制。

2. 储气罐

储气罐的作用是先将空气压缩机排出的压缩空气储存起来，以便满足干雾抑尘机的瞬时用气量。

3. 配电箱

配电箱是整个装置的配电系统，根据用电功率的不同，配电箱略有区别。

4. 水气分配箱

水气分配箱是各皮带抑尘点喷头控制总成，内由电动球阀、手动球阀、管道等组成。

5. 全自动反冲洗过滤器

全自动反冲洗过滤装置是厂用水源经过的第一道过滤，装置由排污阀、清扫电机、过滤网芯等组成。

6. 水气连接管线

水气连接管线用于干雾抑尘机和喷雾器的连接。

7. 控制信号线

控制信号线用于干雾抑尘机的控制系统。

第七节　振　动　煤　箅

煤箅是火电厂自动卸煤的必备配套设备。振动煤箅安装于火电厂来煤卸料处，用于解决输煤系统进煤处的堵煤、大块等问题，提高卸煤效率，加快车辆周转，并可将超过系统粒度要求的大块物料及杂物等从物料中有效分离，保证系统的稳定运行。

一、振动煤箅结构特点

振动煤箅主要由振动箅体（包括箅体、平箅体），缓冲装置，振动电机，电控箱等组成。斜箅一端与平箅铰接，另一端与弹簧支撑座铰接。平箅的另一端与工字钢座铰接，弹簧支撑座固定在工字钢座与中隔墙上。底座焊接在煤斗上沿的预埋钢板上。振动电动机安装在斜箅上端。斜箅、平箅均由纵、横钢板组焊成 300mm×300mm 方格（汽车为 250mm×250mm）。斜箅的倾斜面上还设置了滑道，整个煤箅连成为一个可活动的整体。整个箅体在激振起振和弹性缓冲体的共同作用下，产生具有一定振幅和频率的简谐振动，引起堆积在箅体上的物料松动，使大块和燃煤快速分离，避免煤箅的堵塞和卡阻。

二、振动煤箅工作原理

当翻车机中的煤落入卸煤箅上，随着振动电动机的运转，振动电动机产生的激振力使斜箅在弹簧支撑座上做上、下扇形运动，同时带动平箅做小幅扇形运动，物料随煤箅惯性作抛物线运动，小于箅孔的物料迅速从箅孔落入煤斗。大块件则沿导料滑道滑至平箅便于人工清理。

有些大块煤也能在振动的过程中松碎落下。

三、振动煤箅技术性能

振动煤箅设备规范见表 2-14。

表 2-14 振动斜煤箅设备规范表

型号	ZBX6930×13950
型式	振动斜煤箅
数量（套）	4
出力（t/h）	1200
箅面尺寸（mm×mm）	6930×13 950
箅孔尺寸（mm×mm）	300×300
箅面倾角	15°
箅体钢板厚度（mm）	14
振动频率（次/min）	725
振幅（mm）	3～5
振动电动机数量（台/套）	4
振动电机固定方式	用高强度防松螺栓固定在斜箅上
振动质量（kg）	330
电动机型号、功率	VB-50308-W/3.0kW
最大激振力（N）	50 000
电源电压（V）	380
电源频率（Hz）	50
弹簧规格	ϕ90×ϕ20×150
弹簧材质	$60Si_2Mn$
弹簧直径（mm）	ϕ35
基础弹簧装置数量（件）	16

第八节 活化给煤机

一、活化给煤机概述

活化给煤机采用独特的结构设计，集活化物料功能和给料功能于一体，是专为防止堵煤而设计的给煤机。给煤机下料口是开口的，物料在被振松的同时会自动下落，因此振动时物料不会越振越实。在给煤机内的煤下落的同时，给煤机上部的物料由于重力的作用自动下落到给煤机内，从而保证物料的连续下落。活化给煤机专为解决堵煤而设计，大开口及活化块结构，避免堵煤现象。工作时，激振电动机启动，利用亚共振双质体振动原理，产生很大的激振力振动下料主体，结合特别设计的曲线槽，确保了物料的自由下落。

二、重要部件功能结构介绍

（一）出力调节设备

活化给煤机具有两种出力调节配置可供选择：“V—F”可变力轮和变频控制器。通过以上两种方式，均可实现活化给煤机出力的无级调节，两种方式的区别在于调节范围的不同。

1. “V—F”可变力轮

可变力轮配合活化给煤机的激振系统，使得出料平稳均匀，而且可使出料能力从最小到100%的设计范围内无级调整。最新的可变力轮设计使得操作控制更加简便灵活，工作时，一对可变力轮分别安装于振动电动机轴端部并与电动机一起转动。可变的液压或气动压力施加于柱塞端面并使其随时改变相对于转动中心的位置。增大或减小激振力幅，从而改变出料量，在振动电动机转速不变的同时调整出料量。

2. 变频调节控制器

变频调节控制器由控制箱和变频器箱两部分组成，随机提供二者之间的3条连接电缆，采用航空快接插头，所有插头具有唯一的对应，不会出现错插的情况。变频器及其控制箱就近安装在活化给煤机附近的墙壁上。

应定期检查变频器和变频器箱散热风扇工作是否正常，定期清洗变频器和变频器箱散热风扇的滤网，风机温度每降低10℃，风机寿命就会增加一倍。

（二）力轮旋转节

力轮旋转节如图2-45所示，力轮旋转节的安装注意以下几点：

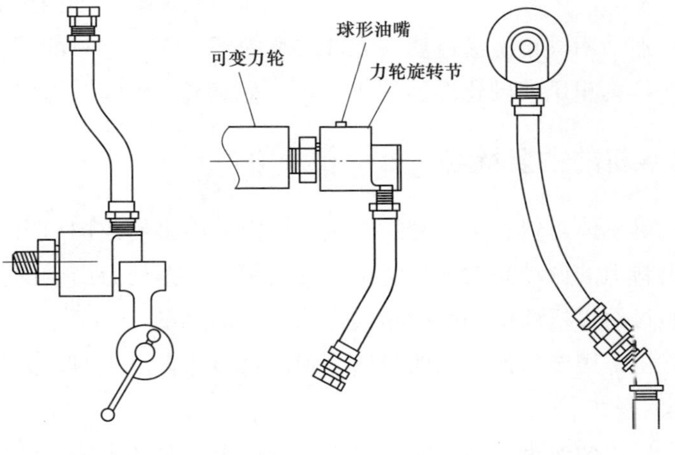

图2-45　力轮旋转节

（1）连接气控软管与供气装置，注意留出一定长度保证气控软管在给煤机运转时不会绷紧。

（2）固定住可变力轮端部，装上气控软管。

（3）将旋转节装在可变力轮上。

（三）空气压缩机管路气体过滤器

空气压缩机管路气体过滤器的外壳是聚碳酸酯塑料罩，通过人工合成油及含磷酸酯或含氯代烃类的油脂来润滑的空气压缩机，不能作为过滤器的空气源，因为这类油会逐渐进入过滤器的空气分离系统产生化合作用，并有可能破坏塑料罩。如果必须用此类油脂润滑，要用金属罩代替塑料罩。

不能将塑料罩暴露在四氯化碳、三氯乙烯、丙酮、涂料稀释剂、液体清洁剂或其他有害物质存在的环境中，否则有可能损害塑料罩。如果设备使用中发现任何对聚碳酸酯有害的物质出现在塑料罩表面或内部，则应将其用金属罩代替。

在安装之前，应吹出工期管道内的灰尘和其他杂物。过滤器使用干燥密封的管螺纹，只能用专用材料或胶布密封接头处外螺纹。向下垂直于气控管道线路安装空气过滤器，这样可使空气顺利进入其中。空气过滤器离给煤机设备越近越好，并且要安在调速控制箱和润滑设备等之前。

为保持过滤器发挥最大效能和避免气压下降过多，过滤器必须保持清洁。定期顺时针拧开排气阀旋塞清除罩内的脏物，以避免脏物过多造成堵塞。尽管过滤器内部的自动排放器可以自动进行塑料罩的清洁，但是也可以通过上述的顺时针拧松排气阀进行人工清洁。如果过滤器元件表面有灰尘或冷凝物，或是压力下降过多，说明空气过滤器应进行清洁。

清洁时，①拆卸过滤器时不必把过滤器从供气管线上卸下来。在拆卸之前气源停止供气，过滤器降压。然后用甲醇清洁过滤器除塑料罩和可视玻璃以外的所有零件，在重新安装之前要吹干过滤器。用酒精洗涤过滤器元件并从内部吹干。②只能用普通的肥皂来清洗塑料罩和可视玻璃，禁止用四碘化碳、三氯乙烯、稀释剂、丙酮及类似溶剂。

三、活化给煤机的主要特点

（1）活化给煤机主体与料仓下口密封连接，机内采用拱形或楔形出料板与仓内物料直接接触，工作时出料板的振动高效地传递给顶部的物料，振动力产生的扰动能量使物料松动并下落。物料通过给煤机两侧的曲线槽被传输到下部出口。

（2）活化给煤机采用专门设计的曲线槽，确保物料的自由出料，即使是黏度较高的煤种，也能顺利出煤。

（3）活化给煤机均匀对中下料，防止对带式输送机侧向冲击造成的跑偏。在电机停止工作时，仓内物料自动锁死停止下滑，不设置闸板门。

（4）活化给煤机的振动系统利用亚共振双质体振动原理，采用小功率电动机的激振力驱动主槽体而获取需要的线性振幅。振动系统应配置可变力轮方式调节出力，使出煤量从最小到100％出力之间无级调节。

（5）活化给煤机上口采用2.88～3m以上的方形大开口，以提高流通面积。

四、活化给煤机的主要技术参数

活化给煤机主要技术参数见表2-15。

表 2-15　　活化给煤机设备规范

项　　目	规　　范
额定出力（t/h）	900
出力调节范围	200～900t/h（连续可调）
出力调节方式	气控可变力轮调幅
振幅（mm）	4
振动电动机型号	异步电动机
功率（kW）	9.33
转速（最大）（r/min）	1500
绝缘等级	F
供电电源	380V，50Hz，三相四线制
工作压力（MPa）	0.43

第九节　卸煤系统的运行和维护

一、翻车机系统的运行条件和运行前检查

重车车辆由重车调车机牵入翻车机本体，定位停止后，重车调车机摘后钩，驶离翻车机，推前一已翻空车至迁车台定位，与此同时翻车机本体靠车到位，压车梁压车到位，翻车机慢速启动，接近160°左右减速、振动器投入，165°停车，3s后振动器停止。翻车机以正常速度回翻至零位。重车调车机推空车至迁车台定位后，摘前钩返回至停止位，抬大臂后返回至接车位置停止。与此同时，迁车台涨轮器涨紧，迁空车至空车道，经空车调车机推出安全止挡器至空车线，此后迁车台及空车调车机分别返回原位停止。至此，卸车线一个工作循环结束。

（一）翻车机卸车系统电气联锁条件

1. 重车调车机牵整列车条件

（1）后钩合到位，前钩开到位；

（2）风机、油泵启动正常；

（3）变频器送电灯亮；

（4）夹轮器松开到位、制动器开到位，翻车机在0°；

（5）靠车板松靠到位，压车梁松压到位；

（6）迁车台重车线对准且台上无车皮；

（7）涨轮器松开到位，插销插入到位。

2. 重车调车机低速和高速接车联锁条件

（1）低速：重车调车机前行到位，落臂到位，空车入迁车台，涨轮器涨紧到位，前钩提销到位。

（2）重车调车机在停车落臂外，落臂到位，后钩开到位，夹轮器开到位。

（3）高速：重车调车机抬臂到位，且未到停车落臂处。

3. 翻车机翻车条件

（1）重车调车机在翻车机区域外即“重车调车机允许翻车”的位置，且后钩开到位；

（2）迁车台空车入台或重调机已抬臂到位；

（3）翻车机压车到位、靠车到位；

（4）进出车端光电开关正常、油泵、风机启动运转、变频器送电完毕且正常。

4. 迁车台迁车联锁条件

（1）迁向空车线：空调机在原位，空车已入台、涨轮器涨紧到位、重调机已抬臂或抬臂到位、插销拔出到位。

（2）迁向重车线：空调机近程到位，迁车台已空车出台，插销拔出到位。

（3）空调推车联锁条件。

（4）迁车台空车线对准。

（5）涨轮器开到位、插销插入到位。

（二）翻车机在运行中注意事项

（1）运行中应注意翻车机各动作对应的信号是否正常，信号发出后才表示该动作正常执行完毕。应注意和重调机配合好。

（2）只有等重车调车机大臂离开翻车机区域或者大臂 90°，重车在翻车机平台上停稳后方可翻车。

（3）随时注意设备的运转是否平稳，翻车时车厢尺寸超过范围、车帮损坏不得翻卸；当翻至 90°时煤因冻结或黏度过大仍不下滑，停止翻卸通知班长或程控值班员处理。

（4）经常检查翻车机压车梁和靠车板是否灵活可靠地动作，及时清理压车梁上的杂物，煤篦子杂物较多影响翻车时，应清理干净后进行翻卸，清理时应做好安全措施，并有专人监护。

（5）液压系统压力不得超过额定范围，有泄漏应立即停机，查明原因处理后才能继续运行。

（6）翻卸每一节重车时，注意监视工业电视，浏览整个翻卸过程中各部动作情况，操作画面上各表计指示，若与规定值不符时查明原因，情况严重时，可按“紧急停机”按钮。

（7）发现翻车机有异常响声或电流表变化异常时，立即停机检查，并将开关打至零位。

（8）运行中注意各设备间的联锁，如有异常应及时停机。

（9）翻车机值班员应加强同程控室的联系，注意活化给煤机的运行状况，接到停止翻车的命令时应停止翻车并通知翻车机其他人员。

（三）重车调车机运行中的注意事项

（1）运行中注意翻车机轨道与地面轨道的对轨情况，对轨不准应立即停止重调机运行，联系检修处理。

（2）运行中注意转动设备的声音，振动及温度变化，发现异常及时处理。

（3）注意小车轨道平整，电缆拖链移动灵活。

（4）导向轮与轨道之间的间隙不应超过 3mm。

（5）随时观察液压系统及油路是否有漏点。

（6）运行中注意周围的环境，轨道上有人或有其他杂物时，禁止工作。

（7）运行中注意制动系统的情况，发现滑行大等异常情况应及时处理。

（8）运行中，重车调车机应行走平稳，不能有振动，脱轨现象。

（9）大臂抬起过程中，不得撞碰车厢刹车手柄和刹车平台。

（10）液压油泵启动时，系统不应有负载，正常运行 3～5min 后，系统方可开始工作。

（11）运行中，注意监视画面中的有关数据及指示，发现异常，停机处理。

（12）在手动操作时，接牵车的行走速度只能用低、中速行驶，严禁使用高速行驶。

（13）运行中，液压系统出现故障，控制室上位机画面出现报警提示，并伴有蜂鸣器报警声音，其他系统故障无报警声音。

（四）重车调车机启动前检查

（1）检查电动机外观完好，固定螺栓无松动，接线牢固，接地线完好。

（2）检查蝶式刹车机构固定牢固，刹车片无油污，紧固螺栓无松动。

（3）检查接线端子箱和机旁操作箱完好，按钮无损坏，指示等正常。

（4）检查液压系统油位是否正常，密封情况是否良好，无漏油现象．液压管路完好，油缸及齿条油缸等无漏油现象。

（5）检查各减速机地脚螺栓无松动现象。

（6）检查各减速机油位正常，无变质现象，密封点不漏油。

（7）检查钢轨、传动齿条无障碍，其固定螺栓无松动现象。

（五）空车调车机启动前检查

（1）检查电动机外观完好，固定螺栓无松动，接线牢固，接地线完好。

（2）检查蝶式刹车机构固定牢固，刹车片无油污，紧固螺栓无松动。

（3）检查接线端子箱完好，急停按钮已复位。

（4）检查各减速机地脚螺栓无松动现象。

（5）检查各行星齿轮减速机油位正常，无变质现象，密封点不漏油。

（六）迁车台运行前的检查

（1）检查周围环境，清除迁车台上下轨道及空车线轨道杂物。

（2）检查各电动机，减速机地脚螺栓是否松动，减速机油位是否正常，有无变质及渗漏现象。

（3）检查各润滑部位是否有足够的润滑油。

（4）迁车台轨道是否与地面轨道对准，对位销在基座内，对轨允许误差不大于3mm。

（5）检查试验液压系统是否正常，无异声，无振动，系统压力在规定范围内。

（6）行走液压推杆无损坏，制动闸瓦张开时，两侧间隙均匀，制动闸瓦无严重磨损。

（7）地面控制箱完好，开关、按钮等无损坏。

（七）迁车台运行中注意事项

（1）迁车台从重车线向空车线行驶前，必须在车辆停稳、限位装置动作、对位销复位、涨轮器涨紧后方可启动。

（2）迁车台与重线或空线对位时，应检查对位销是否插入销巢，且对轨准确，否则推车机不能推车。

（3）运行中应随时检查液压系统的运行情况，发现有泄漏等异常现象，停机处理。

（4）运行中，涨轮器的开闭要灵活，如有开闭不到位等情况，联系检修处理。

（5）运行中，行走机构发现异常现象及响声应立即停机处理。

（6）运行中注意电流表指示是否正常，迁车台制动器工作是否正常。

二、翻车机系统的日常维护与保养

翻车机的日常维保主要是按照“十字”保养法，即清洁、紧固、润滑、调整、防腐。日常检查维保工作由司机和设备管理人员在设备运行中或运行前后进行。主要包括：翻车机机械通用零部件电动机、制动器、减速箱、联轴器等；液压系统的管路、阀件等；漏斗格栅；其他电气设备的检查；金属结构的日常检查维保。

（一）通用零部件的日常检查维保项目

1. 电动机

各个机构中的运动，以及一些动力装置如制动器、动力缸等，都是由电动机提供原动力，一般运行人员只对电动机外观进行清扫、擦拭、润滑，有无异味、异声、异常振动的检查；使电动机外壳保持清洁。专业电工要对电动机工作时的拖动状态，非工作时绝缘、接线情况进行测试、检查。

2. 制动器

制动器主要分为电动推杆制动器和电磁制动器。制动器既是工作装置又是安全装置，为了保证工作安全和适应工作需要，制动器必须运行可靠，技术状况良好。因此制动器的日常保养检修是非常重要，其日常保养检修项目有：

（1）制动器各铰点润滑要及时，防止有卡住现象。

（2）制动臂、制动弹簧、拉杆不应有裂纹和变形。

（3）制动摩擦片在抱闸状态时应能很好地贴在制动轮上，摩擦表面不能有油泥、脏物等。松闸状态摩擦片离开制动轮的间隙大小符合技术要求。

（4）制动轮表面不得有较深划痕和裂纹。

（5）液压推杆松闸器油位在规定位置，推杆油封不漏油。

制动器的制动行程、制动力矩机制动块与制动轮的间隙都是靠正确的调整来保证，已达到两制动块与制动轮有大小适当和相等间隙以及制动力矩适当。电动液压推杆制动器和电磁制动器调整内容基本相同。不同之处在于：电动推杆制动器可以调壑制动时间，电磁制动器瞬时制动不能对制动时间调整。

1）制动行程的调整。在制动器合闸状态，调整制动器制动行程调整螺母，使得指示器上端和刻在制动臂上的标志线（B）一样齐。

2）制动瓦块左右间隙调整。制动器松闸状态，旋转制动块左右间隙调整螺栓，使左右两个制动瓦块与制动轮之间的间隙相等，并通过测量穿过两瓦块轴销中点和制动轮中点的中线来加以确认。

3）制动瓦块的上下间隙调整。制动器松闸状态，旋转制动器瓦块上下间隙调整螺栓使瓦块上端和下端与制动轮之间的间隙距离对称均衡。

4）制动力矩调整。制动器力矩由制动弹簧的长度来确定。若弹簧长度不符合规定，改变制动弹簧长度调整制动力矩。

3. 联轴器

联轴器是用来传递扭矩的部件。主要是将两根轴互相连接起来，使它们一齐转动，在翻车机有两种联轴器：弹性联轴器、齿轮联轴器，在翻车机中两种联轴器均使用，在重车调车机中使用弹性联轴器。各种类型联轴器日常检查维保项目有：

（1）弹性联轴器。尼龙柱销不得有破损、油污；半联轴器不能有裂纹；半联轴器与轴不得有转动。

（2）齿轮联轴器。联轴器应有充分的润滑；不允许有漏油、滴油现象；不允许出现跳动；半联轴器不应有疲劳裂纹，可用小锤敲击，根据敲击声和油的浸润来判断有否裂纹；

齿轮齿厚磨损超过原齿厚的15%～30%应更换。

4. 减速器

减速器是翻车机和重车调车机中的传动装置，减速机形式有：圆柱齿轮减速器、行星齿轮减速器等，主要组成为：箱体、齿轮、轴、轴承、行星架（行星齿轮减速器所具有的）。

所以，对减速器的日常维修保养要掌握这些零部件和其他附件维保常识。

（1）箱体润滑油油量在油标尺规定的范围内，油质要定期检验；有加油嘴的轴承要定期加润滑脂；油封处不得有漏油现象。

（2）工作时，其箱体特别是轴承处的发热，不得超过允许的温升。

（3）工作时，出现异声要进行故障判断。出现异声的原因有：齿轮节圆与轴偏心；齿轮工作面磨损后啮合性能不好；轴承故障；齿轮损坏等情况。

（二）翻车机系统的日常检查维保项目

1. 重车调车机

（1）每日进行检查维保项目：

1）系统运行时，检查过滤器是否堵塞。

2）检查全部液压管线是否有泄漏。

3）检查重车调车机减速箱运行是否有异声。

4）检查操作台、重车调车机地面控制站、按钮是否正常。

5）检查重车调车机变频驱动电机是否有异响异声、温度是否正常，电动机电流、电压、功率指示是否正常。

（2）每星期进行检查维保项目：

1）检查重车调车机车臂平衡油缸与车臂铰座部位，是否有开裂等现象。

2）检查重车调车机钩头活动情况。

3）检查重车调车机臂俯仰液压系统液压液位。

4）检查全部液压软管外皮磨损、老化情况。

5）检查重车调车机就地控制箱各操作按钮是否正常，检查操作台各控制按钮是否正常。

6）检查重车调车机悬挂电缆的运转情况，如有磨损、松动，应及时进行捆绑紧固。

（3）每两星期进行检查维保项目：

1）检查液压进气阀是否清洁。

2）如果系统设备长期停机，则液压系统应经常启动，间隔时间不能超过两个星期。全部液压功能应动作几次，以便系统零部件得到充分的润滑。

3）检查电缆悬臂顶端的接近开关、传感器连接是否牢固。

（4）每月进行检查维保项目：

1）检查重车调车机车臂各拐角处是否有裂纹，缓冲臂与大臂铰接处，大臂与车体铰接处是否有裂纹等。

2）动态检查重车调车机联轴器工作是否正常。

3）检查重车调车机齿条螺栓紧固情况。

4）检查重车调车机导向轮，行走轮运行是否正常。

5）重车调车机变频电机保养，保养标准及项目如下：

① 电刷：是否磨损到极限位置，当尺寸小于 15mm 时进行更换；新更换的电刷接触面不小于 90%；刷握压力是否正常，正常为 2.0N/cm。

② 换向器：检查换向器表面有无烧痕、换向器火花是否正常。

③ 风机除尘：对风机过滤网进行清理、对电机内部进行灰尘清理。

④ 电机进线：对电机各进线进行紧固。

6）重车调车机各保护开关、急停开关保养：对重车调车机区域各检测开关、超程保护开关、急停开关的动作灵敏情况、密封情况、进线情况进行逐一检查，并对各开关进行除尘。

（5）每 3 个月进行检查维护项目：检查驱动装置壳体内的盘式制动器。

（6）每 6 个月进行检查维护项目：

1）抽取液压油油样进行物理、化学分析，确定是否符合技术要求的等级。

2）检查所有液压软管是否有断裂和爆裂的迹象。

3）使液压系统截流阀动作，以检查其开关的功能是否准确。

4）检查驱动齿条或驱动小齿轮是否磨损严重或损坏，若上述现象存在应进行更新。

5）检查水平导向轮的调整间隙。

6）检查重车调车机臂牵引钩头磨损情况。

7）检查重车调车机臂车钩缓冲轴磨损情况及端部裂纹情况，若磨损严重、存在裂纹应尽早更换。

8）若需要，检查清理重车调车机驱动电动机风动机的空气过滤网。

9）检查电缆悬挂系统电缆滑车的牵引钢丝绳是否可用，若有疲乏状况，应立即更换，以免悬挂的电缆承受拉力荷载。

10）检查重车调车机蓄能器气囊氮气压力是否正常。

11）检测重车调车机各变频电动机的绝缘情况，变频电动机的绝缘要求不小于 1.44MΩ。

12）检查重车调车机上交流电动机的绝缘情况，要求绝缘不小于 1.44MΩ。

13）检查重车调车机测速发电机输出电压是否正常，误差不大于 0.1%，检查测速发电机的电刷磨损情况，检查联轴器是否松动，内部灰尘清理。

在设备运行时，要经常巡回检查，经常对设备进行清扫和加油等维护工作，发现问题及时处理。表 2-16 中列出了各部件加油周期及所用润滑油种类。

表 2-16　　润滑说明一览表

名称		润滑处	润滑方式	润滑制度	润滑油名称
部件	润滑零件				
行走传动装置	减速机	5	注油	1500 小时换一次	90～120 号 工业齿轮油
弹性行走轮	滚动轴承	2	充填	1 次/年	2 号钙基脂
电缆滑车	滚动轴承	4	充填	1 次/年	2 号钙基脂
导向轮	滚动轴承	2	充填	1 次/年	2 号钙基脂
刚性行走轮	滚动轴承	2	充填	1 次/年	2 号钙基脂
主令控制装置	滚动轴承	2	充填	1 次/年	2 号钙基脂

注　有些滑动轴承为固体自润滑轴承，这些轴承是不需要日常加油的。

2. 翻车机

（1）每日进行检查维护项目：

1）用棉纱擦净翻车机进出端和中心的光电管镜头。

2）动态检查压车装置、靠车板动作是否正常。

3）动态检查翻车机制动器制动情况。

4）检查操作台、翻车机地面控制箱、指示灯、按钮是否正常。

5）检查翻车机变频驱动电动机是否有异响异声、温度是否正常，电动机电流、电压、功率指示是否正常。

（2）每星期进行检查维护项目：

1）检查制动器调整间隙，检查制动器制动弹簧是否断裂，弹簧压杆是否断裂，推动器动作是否正常。

注意：不适当的调整会使制动力矩过大，制动太猛导致制动器损坏。

2）检查减速箱油位是否正常，是否存在漏油现象。动态检查减速箱工作是否正常等。

3）检查 C 型端环金属结构及各连接梁焊缝情况。

4）检查翻车机电缆的运转情况，如有磨损、松动，应及时进行捆绑紧固。

（3）每月进行检查维护项目：

1）检查超程限位开关的动作，以保证能够达到其设计功能。

2）检查翻车机压车装置焊缝、固定螺栓等。

3）检查制动器推动器油位是否正常，铰轴润滑是否正常，制动蹄片磨损是否严重。

4）检查翻车机靠车板支撑梁、导杆是否正常。

5）检查翻车机端盘轨道固定情况。

6）检查翻车机托辊润滑情况。

7）检查所有液压软管是否有断裂和爆裂的迹象。

8）翻车机变频电动机保养，保养标准及项目如下：

① 电刷：是否磨损到极限位置当尺寸小于 15mm 时进行更换；新更换的电刷接触面不小于 90%；刷握压力是否正常，正常为 2.0N/cm。

② 换向器：检查换向器表面有无烧痕、换向器火花是否正常。

③ 风机除尘：对风机过滤网进行清理、对电动机内部进行灰尘清理。

④ 电动机进线：对电动机各进线进行紧固。

9）翻车机各保护开关、急停开关保养：对翻车机区域各检测开关、超程保护开关、急停开关的动作灵敏情况、密封情况、进线情况进行逐一检查，并对各开关进行除尘。

（4）每 3 个月进行检查维护项目：检查大齿圈和小齿轮磨损是否严重或损坏，若上述状况存在应进行更换。

（5）每 6 个月进行检查维护项目：

1）检查地面安装轨道与翻车机安装轨道的直线度误差，保证其不得大于 6mm。

2）检查所有耐磨衬板，若磨损严重应尽快更换，以保护翻车机车体。

3）检查翻车机端盘上的导料板是否有异常磨损情况，如果需要，应修理或更换。

4）检查和清理驱动电动机风机的空气过滤网。

5）检查翻车机驱动齿轮联轴器磨损情况、润滑情况。

6）检测翻车机各变频电动机的绝缘情况，变频电动机的绝缘要求不小于 1.44MΩ。

7）检查翻车机各交流电动机的绝缘情况，要求绝缘不小于 1.44MΩ。

8）检查翻车机的测速发电机输出电压是否正常，误差不大于 0.1%，检查测速发电机的电刷磨损情况，检查联轴器是否松动，内部灰尘清理。

翻车机等设备的维护，主要是对各转动设备的维护。由于翻车机卸车线各设备的工作环境恶劣，因此对转动设备的加油保养显得尤为重要。表 2-17 列出了各部件加油周期及所用的润滑油种类。

表 2-17　　C 型转子式翻车机润滑明细表

部件名称	润滑部位	润滑处数	润滑方法	油脂牌号	润滑周期
传动装置	齿轮面	2×1	人工涂抹	二硫化钼油膏	每周一次
	减速器	2×1	人工加油	N68	每月检查油耗 每六个月换油
	轴承座	2×2	油杯	2G-2	每周一次
	齿轮联轴器	2×1	浇注	HJ-40	半年一次
	制动器销	2×10	浇注	HJ-30	每周一次
	液压拉杆	2×4	浇注	HJ-10（夏）或 10 号变压器油	每月一次
托辊	滚轮轴承	8	手动加脂泵	4 号钙基润滑脂	每半月一次
夹车装置	铰支点	16	手动加脂泵	4 号钙基润滑脂	每半月一次
靠车装置	铰支点	20	手动加脂泵	4 号钙基润滑脂	每半月一次
插销装置	插销座	2	人工涂抹	二硫化钼油膏	每半月一次

3. 迁车台

(1) 每日进行检查维护项目：

1) 动态检查进程止挡器是否灵活。

2) 动态检查液压缓冲器是否正常工作。

3) 动态检查传动装置制动情况。

4) 检查操作台、地面控制箱、指示灯、按钮是否正常。

5) 检查减速机是否有异响异声、温度是否正常，电动机电流、电压、功率指示是否正常。

(2) 每星期进行检查维护项目：检查液压缓冲器油位。

(3) 每 3 个月进行检查维护项目：

1) 检查齿轮和齿条是否严重或损坏，若上述状况存在应进行更换。

2) 清洗并检查各个限位开关，检查其是否安全固定到支撑架上。如有必要，重新上紧固定螺栓。检查电气设备的电缆是否松动。如有必要，对其重新加以固定。检查临近结构的电缆是否受到磨损。

(4) 每 6 个月进行检查维护项目：

1) 检查迁车台车架焊接件是否有裂痕。检查螺栓是否松动以保证结构转向装置的安全性。

2) 检查行走轮装置轴承的安全性。检查轨道与车轮间的重负载接点。对磨损速度加以监控。

3) 检查迁车台传动装置螺栓是否松动以保证结构传动底座的安全性。如有必要，对其重新加以固定。检查齿轮与地面齿条的连接，并检查其是否受到磨损。对其磨损速度加以监控。检查齿轮轴承外壳与轴连接器内的螺栓是否松动。如果松动，用新螺栓对其加以更换。

4) 检查所有固定在迁车台结构上的止挡器、开关支架及液压缓冲器、定位装置的安全性。如果螺栓松动，对其加以更换。

5) 检查迁车台所有与挂缆托架以及限位开关/支架相关的组件的安全性。如果合适，重新对螺栓加以固定。检查挂缆和软管是否受到划伤，并检查电缆托架是否能够在梁上自由移动。以确保运行限位开关能够执行其设计功能。通过移动冲击器杠杆或者通过金属板手动运行开关以确保开关感应元件的运行，并检查 PLC 运行状态的变化。

迁车台的各减速箱、联轴器、轴承处需要润滑的部位，按期注入润滑油及润滑脂。设备润滑明细见表 2-18。

表 2-18　　设备润滑明细表

润滑部位	润滑处数有关图号	润滑方式	油脂牌号	润滑周数
减速机	1×2QK12.4.0	人工加油	Ⅱ J-40 GB/T 443—1989	半年换油一次 每月检查油耗

续表

润滑部位	润滑处数有关图号	润滑方式	油脂牌号	润滑周数
联轴器	1×2QK12.4.1	人工加油	ⅡJ-40 GB/T 443—1989	半年换油一次 每月检查油耗
轴承体	2×2QK12.4	人工加油	2号钙基	每周一次
行走轮	2×4QK11.1	油枪	2号钙基	每周一次
双向定位器	1×2QK11A.2	油枪	2号钙基	每周一次
液压缓冲器	1×2813-05A-00	人工加油	上稠30-1	半年换油一次 每月检查油耗
滚动止挡	1×4QK11.5	油枪	2号钙基	每周一次

4. 空车调车机

（1）每日进行检查维护项目：

1）检查空车调车机减速箱运行是否有异声。

2）检查操作台、空车调车机地面控制站、按钮是否正常。

3）检查空车调车机变频驱动电动机是否有异响异声、温度是否正常，电动机电流、电压、功率指示是否正常。

（2）每星期进行检查维护项目：

1）检查空车调车机钩头活动情况。

2）检查空车调车机就地控制箱各操作按钮是否正常，检查操作台各控制按钮是否正常。

3）检查空车调车机悬挂电缆的运转情况，如有磨损、松动，应及时进行捆绑紧固。

（3）每两星期进行检查维护项目：

1）检查电缆悬臂顶端的接近开关、传感器连接是否牢固。

2）检查齿条与导向块装置运行状况及磨损情况，齿条应周期性加油，以保证润滑油膜状态得到延续。

（4）每月进行检查维护项目：

1）检查空车调车机车臂各拐角处是否有裂纹，与车体连接处螺栓有无变形等。

2）动态检查空车调车机盘式制动器工作是否正常。

3）检查空车调车机齿条与导向块装置紧固情况。

4）检查空车调车机导向轮，行走轮运行是否正常。

5）空车调车机变频电动机保养，保养标准及项目参见翻车机

6）空车调车机各保护开关、急停开关保养：对空车调车机区域各检测开关、超程保护开关、急停开关的动作灵敏情况、密封情况、进线情况进行逐一检查，并对各开关进行除尘。

（5）每3个月进行检查维护项目：检查驱动装置的制动器磨损情况。

(6) 每 6 个月进行检查维护项目：

1) 抽取液压油油样进行物理、化学分析，确定是否符合技术要求的等级。

2) 检查水平导向轮的调整间隙。

3) 检查空车调车机臂牵引钩头磨损情况。

4) 检查空车调车机臂车钩缓冲轴磨损情况及端部裂纹情况，若磨损严重、存在裂纹应尽早更换。

5) 若需要，检查清理空车调车机驱动电动机风机的空气过滤网。

6) 检查电缆悬挂系统电缆滑车的牵引钢丝绳是否可用，若有疲乏状况，应立即更换，以免悬挂的电缆承受拉力荷载。

空车调车机在运行过程中，同样需要巡回检查、清扫加油。其加油部位、周期及润滑油种类见表 2-19。

表 2-19　　空车调车机润滑说明一览表

名称		润滑处	润滑方式	润滑制度	润滑油名称
部件	润滑零件				
行走轮 1	滚子轴承	2	油杯	半年一次	2 号钙基油
导向轮	滚子轴承	4	油杯	半年一次	2 号钙基油
传动装置	减速机	2	注油	换一次/3 个月	150～220 极压齿轮油
传动装置	下部轴承	2	油杯	1 年一次	2 号钙基油
主令控制	滚动轴承	2	油杯	1 年一次	2 号钙基油
行走轮 2	滚动轴承	2	油杯	1 年一次	2 号钙基油

三、常见故障及处理方法

(一) 翻车机常见故障及处理

翻车机在运行中常见的故障及处理方法见表 2-20。

表 2-20　　翻车机在运行中常见的故障及处理方法

故障现象	产生原因	处理方法
翻车机不翻转	联锁条件不具备，如无靠车信号无夹紧信号，油温过高或过低。光电管不导通，重调机大臂在翻车机内	根据情况，检修调整一项，检测元件或与其相应的装置
翻车机靠板不动作	靠板原位信号丢失	检修或调整限位开关
	油缸不动作或推力不够	检修液压系统
翻车机压车梁不动作	压车梁原位信号丢失	检修或调整限位开关
	油缸不动作或拉力不够	检修液压系统
翻车机在 165°不返回	翻车机 0 位信号提前发出	检修主令控制器

续表

故障现象	产生原因	处理方法
电动机停止转动，电压电流至零	总电源开关跳闸	检查开关无异常，设备无损坏时，送电源
	过电流保护动作	恢复过电流保护继电器
电动机电流过高温度升高或冒烟电动机嗡嗡响不转	电动机定子、转子相碰	解体检修
	线圈层间短路	停止运行，更换线圈
	通风不良	加强通风
	两相运行	检查电源消除异常
减速器振动大，温度高、声音异常	地脚螺栓松动	紧固螺栓
	齿轮啮合不好	检修齿轮
	油位过高或过低	调整油位高度
制动器失灵	调整螺栓松动	紧固螺栓
	闸瓦片磨损过大	更换闸瓦
	电源故障	恢复电源
	推动器故障	检修推动器
翻车机平台对位不准	主令控制器动作不准确	调整主令控制器
	制动器失灵	调整制动器
	涡流制动失灵	检修涡流制动器
循环程序故障	可编程控制器故障	检修可编程控器
翻车机损坏车辆	补偿油缸不动作（翻卸时夹紧油缸不外伸）	检修液压补偿系统
翻车机翻转到某个角度停止	夹紧欠压	检修液压系统
	靠车信号丢失	检修靠车限位开关
	粉末过大，光电管不导通	改善抑尘效果
翻车机靠板倾斜移动	油缸速度不一致	调节节流阀，使四个靠板油缸速度一致
翻车机靠板沿车辆运行方向摆动过大	靠板两端磨耗板磨损严重	更换磨耗板
重车调车机不行走	联锁条件不具备，如无靠车信号无压车信号，油温过高或过低，光电管不导通	根据情况，检修调整一项；检测元件或与其相应的装置
重车调车机大臂起升不到位	平衡缸动作不灵活	检修平衡缸，检修液压系统补偿功能
	齿条缸不动作	检修齿条缸，检修液压系统补偿功能
重车调车机撞地面止墩	减速太快	合理配置减速时间
	制动器失灵	检修制动器
	变频调速失灵	检修变频调速系统
重车调车机定位不准	编码器动作失灵	检修编码器
	制动器失灵	调整制动器
	变频调速时间太短	合理配置变频减速时间

续表

故障现象	产生原因	处理方法
空车调车机不行走	制动器未打开或打开后无信号	检修液压系统或限位开关
	无迁车台到位信号	调整限位开关
重车调车机冲击过大	交流变频调速失灵	检修直流系统
	液压缓冲器失灵	
空车调车机撞地面止墩	减速太快	合理配置减速时间
	制动器失灵	检修制动器
	变频调速失灵	检修变频调速系统
空车调车机不按程序动作	光电编码器故障	检修光电编码器
	信号干扰人	移走干扰源或加屏
	接近开关故障	检修接近开关
迁车台轨道对位不准或冲击大	编码器或开关失灵	检查编码器、调整限位开关位置
迁车台涨轮块不到位	涨紧油缸动作不灵活	检修油缸，检修液压系统补偿功能
	齿条缸不动作	检修油缸，检修液压系统补偿功能
迁车台撞地面止墩	减速太快	合理配置减速时间
	制动器失灵	检修制动器
	变频调速失灵	检修变频调速系统
迁车台接空车后不走行	制动器未打开或制动器打开后其信号未发出	检修液压系统和限位开关
	联锁条件不具备，如无迁车台对轨信号，无翻车机原位信号，无翻车机靠板、压车原位信号，无重车摘挂钩信号，油温过高或过低	根据情况检修调整一次，检测元件或与其对应的位置
油箱发热	油箱油量不足	观察液位计，不足则补
	油黏度过度	检查介质，换以符合设计规定的介质
	阀设定压力同设定值不一致	达到设定压力
	设有冷却装置的能力不足	检查灰尘附着状态和功率
	阀或传动装置内泄过多	更换元件或密封圈
迁车台冲击过大	交流变频调速失灵	检修直流系统
	液压缓冲器失灵	更换液压缓冲器
迁车台不按程序动作	信号干扰人	移走干扰源或加屏
	接近开关故障	检修接近开关
压力过高或过低	油泵不出油	参照迁车台油泵排量异常处理措施
	压力设定不当	按规定压力设定
	调压阀的阀芯工作不正常	分解阀清洗
	调压阀的先导阀工作不正常	分解阀清洗
	压力表已损坏	更换

续表

故障现象	产生原因	处理方法
压力不稳定	管路中进气	给系统排气
	油中有杂质	拆洗、油污染严重时更换
	调压阀的阀芯工作不正常	分解阀清洗或更换调压阀
发热	油箱油量不足	观察液位计，不足则补
	油黏度过高	检查介质，换以符合设计规定的介质
	阀设定压力同设定值不一致	达到设定压力
	设有冷却装置的能力不足	检查灰尘附着状态和功率
	阀或传动装置内泄过多	更换元件或密封罐
泄漏	接头松动	拧紧
	密封圈损伤或劣化	更换
	密封圈额定压力等级不当	检查，若不适更换相应的密封圈
阀不动作	电磁阀线圈工作不正常（电磁力不足或线圈内有杂质）	检查电器信号，控制压力、线圈是否过热，或更换电磁铁
	控制阀工作不正常	检查阀内滑阀与阀芯配合是否合适，内漏产生背压阀内存有杂质、铁锈等，清洗、修整或更换

（二）重车调车机故障及处理方法

重车调车机常见故障见表 2-21。

表 2-21　　重车调车机常见故障

故障	原因	处理
重车调车机不按程序动作	光电编码器故障	光电检修编码器
	信号干扰	移走干扰源或加屏
	接近开关故障	检修接近开关
重车调车机挂重车列后不走行	制动器未打开或制动器打开后其信号未发出	检修液压系统和限位开关
	联锁条件不具备，如无迁车台对轨信号，无翻车机原位信号，无翻车机靠板，压车原位信号，无重车摘挂钩信号，油温过高或过低	根据情况检修调整一次，检测元件或与其对应的位置
重调机接车不动作	电源跳闸	运行自行处理，如不能排除时联系电气人员
	重调机大臂未落到位	
	电气线路发生故障	
重调机行走时振动大	行走轨道不平或有异物卡涩	联系检修处理
	减速机故障，齿轮与齿条啮合不好	
	导向轮调整不当，间隙太大或太小	
	弹性行走轮调整不当造成车体不平衡	
	大臂缓冲装置断裂	

续表

故障	原因	处理
重调机大臂抬不起来，液压系统油温高	轴承磨损严重，机械部位卡涩	联系检修人员处理
	液控比例阀故障	
	集成块击穿造成内泄，压力升不起来	
	滤网堵塞，或油质变化	
	油泵故障，吸入空气或漏油	
	调压阀故障	
压力过高或过低	油泵不出油	参照迁车台油泵排量异常处理措施
	压力设定不当	按规定压力设定
	调压阀的阀芯工作不正常	分解阀清洗
	调压阀的先导阀工作不正常	分解阀清洗
	压力表已损坏	更换
	液压系统内漏	按系统依项检查
压力不稳定	管路中进气	给系统排气
	油中有杂质	拆洗、油污染严重时更换
	调压阀的阀芯工作不正常	分解阀清洗或更换调压阀
泵噪声过大	油黏度过高	检查油温，若低加温
	油泵与吸油管接合处漏气	检查漏气部分，加固或更换垫圈
	泵转动轴处密封不严进气	在传动轴部加油，如有噪声变化，更换轴封
	吸油滤油器堵塞	取出滤油器清洗，清洗进油管
	油泵与电动机轴不同心	允许不同轴度 0.1mm
	油中有气泡	检查回油管是否在油中以及是否与进油管充分分离
液压系统发热	油箱油量不足	观察液位计，不足则补
	油黏度过高	检查介质，换以符合设计规定的介质
	阀设定压力同设定值不一致	达到设定压力
	设有冷却装置的能力不足	检查灰尘附着状态和功率
	阀或传动装置内泄过多	更换元件或密封罐
	工作压力过高	
液压系统泄漏	接头松动	拧紧
	密封圈损伤或劣化	更换
	密封圈额定压力等级不当	检查，若不适更换相应的密封圈
阀不动作	电磁阀线圈工作不正常（电磁力不足或线圈内有杂质）	检查电器信号，控制压力、线圈是否过热，或更换电磁铁
	控制阀工作不正常	检查阀内滑阀与阀芯配合是否合适，内漏产生背压阀内存有杂质、铁锈等，清洗、修整或更换

续表

故障	原因	处理
油缸速度达不到规定值	流量不足	检查流量调节阀和油泵的排量是否正常，调至正常值或更换
	压力不足	检查压力调节阀和泵的压力是否正常、调至正常值或更换
流量太小或完全不出油	油泵吸空	查明原因，检修或更换部件
	油液中有泡沫	清除油液中的泡沫
	油泵磨损严重	检修或更换油泵
	系统内泄严重	查明原因，更换合格部件
	油泵电动机反向	重新电气接线，改正转向
油缸工作乏力	溢流阀锁紧螺帽松动	重新调定并锁紧溢流阀
	滤油器堵塞	清洗滤油器
	油液品质差	过滤或更换油液
	油缸磨损严重	检修或更换油缸
溢流阀压力调不高或调不低	阻尼孔阻塞主阀不关	疏通阻尼孔
	调压弹簧卡住或断裂	检修弹簧复位或更换
	主阀芯被异物或油污卡住	拆出检查、清洗或检修
电磁换向阀不换向	电磁铁线圈损坏	更换电磁铁
	阀芯间经常卡住	手动复位或清洗、滤油
	正常磨损到极限	更换电磁换向阀

（三）空车调车机常见故障及处理

空车调车机常见故障及处理方法见表 2-22。

表 2-22　空车调车机常见故障及处理方法

故障	原因	处理方法
电动机停止转动，电流电压为零	电源开关跳闸	检查开关无异常设备无损坏后，送上电源
	过流保护动作	恢复过流保护
电动机电流升高、温度升高、冒烟，电机嗡嗡响不转动	转、静部分碰撞摩擦	解体检修
	线圈层间短路	更换线圈
	通风不良	加强通风
	缺相运行	检查处理消除异常
减速机振动大温度高声声异常	地脚螺栓松动	紧固螺栓
	联轴器中心不正	联轴器找正
	齿轮啮合不好或掉齿	检修处理

续表

故障	原因	处理方法
电动机强烈振动	电动机地脚螺栓松动	紧固地脚螺栓
	轴承损坏	更换轴承
	联轴器中心不正	找正中心
	转动机件不平衡	校正平衡
空调机无法推车	迁车台无空车线对准信号	点动对准空车线
	迁车台上无涨轮器松夹信号	检修涨轮器
空调机推车时空车皮掉轨	迁车台与空车线未对准	点动对准空车线
	对位销未插入	检查确认插销准确插入到位
	推车机大臂中心与空车线中心存在较大偏心距	检修调整大臂

（四）迁车平台故障及处理方法

迁车台在运行中常见故障见表 2-23。

表 2-23　　迁车台在运行中常见故障

故障	原因	处理
迁车台不行走	联锁条件不具备	根据情况检修调整一次检测元件或与其相应的装置
	如无重调机到位信号，无对位插销复位信号，无涨轮器夹紧信号，无光电管导通信号	
迁车台在行走过程中有异声	迁车台行走轨道不正或有异物	检查迁车台行走轮轨道并进行调整
	迁车台行走轮不转	检查迁车台行走轮轴承是否损坏，并进行更换
	迁车台导向轮不转或间隙过小	调整导向轮间隙
迁车台轨道对位不准或冲击大	制动器失灵	调整制动器
	涡流制动失灵	检修涡流制动器
	涡流制动距不恰当	调整限位开关位置
油缸排量异常	泵转向相反	查验铭牌，确认后改变
	油箱液位低	检查液位，不足则补充
	泵转速过低	检查电动机是否按规定
	黏度过高（油温低）	检查油温，低则加热
	进油管或吸油管道过滤器堵塞	清洗滤油器，清洗管路
	进油管路积有空气	自排油侧接头部放气旋转油泵以及吸油排气
	进油管漏气	密封圈类损伤或管路松动，更换密封圈和拧紧螺栓
	轴式转子损坏	更换新件
	叶片在槽内卡住内泄	拆开油泵，取出转子、除掉灰尘，清除毛刺，检查配油盘

续表

故障	原因	处理
压力过高或过低	油泵不出油	参照“油泵排量异常”
	压力设定不当	按规定压力设定
	调压阀的阀芯工作不正常	分解阀清洗
	调压阀的先导阀工作不正常	更换
	压力表已损坏	按系统依项检查
压力不稳定	管路中进气	给系统排气
	油中有杂质	拆洗、油污染严重时更换
	调压阀的阀芯工作不正常	分解阀清洗或更换调压阀
泵噪声过大	油黏度过高	检查油温，若低加温
	油泵与吸油管接合处漏气	检查漏气部分，加固或更换垫圈
	泵转动轴处密封不严进气	在传动轴部加油，如有噪声变化，更换轴封
	吸油滤油器堵塞	取出滤油器清洗，清洗进油管
	油泵与电机轴不同心	允许不同轴度0.1mm
	油中有气泡	检查回油管是否在油中以及是否与进油管充分分离
发热	油箱油量不足	观察液位计，不足则补
	油黏度过高	检查介质，换以符合设计规定的介质
	阀设定压力同设定值不一致	达到设定压力
	设有冷却装置的能力不足	检查灰尘附着状态和功率
	阀或传动装置内泄过多	更换元件或密封罐
泄漏	接头松动	拧紧
	密封圈损伤或劣化	更换
	密封圈额定压力等级不当	检查，若不适更换相应的密封圈
阀不动作	电磁阀线圈工作不正常（电磁力不足或线圈内有杂质）	检查电器信号，控制压力、线圈是否过热，或更换电磁铁
	控制阀工作不正常	检查阀内滑阀与阀芯配合是否合适，内漏产生背压阀内存有杂质、铁锈等，清洗、修整或更换

（五）液压系统故障及处理

液压系统故障及处理见表 2-24。

表 2-24 液压系统故障及处理

故障	原因	处理方法
系统压力不正常	油箱油位过低	加油至正常油位
	卸荷阀、溢流阀整定值不正确	重新调整压力值，清洗各阀件，检查阀件中阻尼孔，阀芯是否堵塞、卡涩
	油泵电机旋转方向及转速	检查电气接线是否正确
	油泵磨损	检查、修理或更换备件
	滤网堵塞	清洗更换滤芯
	油液黏度不符	更换合格牌号液压油
	压力表损坏	更换合格压力表
	阀件装配错位	重新装配
	集成块短路	更换或处理
	阀件型号有误	更换正确型号阀件
	油温过低	升温
执行机构动作不正常	油管路接错	重新更正
	执行机构内泄	更换合格品
	换向阀芯卡涩	清洗换向阀，检查油质是否符合要求，否则检查滤网是否有损
	电磁铁未通电或断路	接通电源，更换电磁铁
	压力不够	调整至额定工作压力
	阀件型号有误	更换正确型号阀件
	阀件装配错位	重新装配
	集成块短路	处理或更换
噪声	油箱油位过低油泵吸空	加注油至规定油位
	吸油管接头漏气，未装密封件	加装密封件或重新施焊
	吸油口滤网堵塞	清洗滤网
	油泵磨损或质量问题	更换备件
	阀件卡涩节流	清洗阀件检查油质是否符合标准
油温过高	油位过低	加油至正常油位
	出口滤油器堵塞	更换滤芯
	回油口滤油器堵塞	更换滤芯
	环境温度过高	降低环境温度
	液压油牌号不符	更换合格牌号液压油

第三章 储煤系统

第一节 斗轮堆取料机概述

为了保证火力发电厂连续不断地发出电能。防止因来煤中断而影响生产，各电厂均建有煤场，用来存放一定数量的煤，作为备用。由于电厂的布局不同，因此煤场有不同的类型，各种类型的煤场机械有一定的使用范围，供不同类型和容量的煤场选用，煤场机械的选用受煤场形状的影响。目前我国燃煤火力发电厂的煤场按其布置形式可分为条形煤场和圆形煤场两种。大多数电厂采用条形煤场，也有少数电厂受到地形条件的限制采用圆形煤场。条形煤场大多采用装卸桥、门式斗轮堆取料机和门式堆取料机；圆形煤场常采用圆形堆取料机。

堆取料机是一种大型的连续取料和堆料的煤场机械，广泛用于大中型火力发电厂储煤场，是煤场机械的主要形式。它有连续运转的斗轮，并有回转、俯仰、行走等机构，组成一个完整的工作体系。堆取料机具有效率高、取储能力大、操作简单、结构先进和投资少等优点。

国内火力发电厂煤场机械常用的堆取料机有悬臂式斗轮堆取料机、门式斗轮堆取料机、门式滚轮堆取料机（也称门式滚轮堆取料机）和圆形斗轮堆取料机。常用的DQ型悬臂式斗轮堆取料机有DQ3025型、DQ5030型、DQ8030型、DQ2400/3000^{2}35型、DQ4022型圆形斗轮堆取料机；常用的门式斗轮堆取料机有MDQ1700型、MDQ2500. 50型门式斗轮机；常用的门式滚轮堆取料机有MDQ15050型、MDQ30060型门式斗轮机。

目前各生产厂家的产品没有统一的型号表示法。下面以常用的斗轮堆取料机型号表示法为例介绍有关斗轮堆取料机型号表示的各字母、数字含义。如DB3000·37型表示条形料场用轻型摇臂式堆料机，堆料能力为3000t/h，回转半径37m。

斗轮堆取料机主要特点是高效、安全、可靠。操作者在操作之前必须掌握操作和日常维护要领，如果操作维护不当，不仅会影响设备的使用寿命，甚至会造成设备和人身事故。

火力发电厂常用的煤场机械除大型取料机外，还有推土机（或称推煤机）和轮式载机。推土机和轮式装载机目前作为煤场主要运行机械已比较少，但它作为辅助机械仍被广泛地采用，其主要作用是可以把煤堆堆成任何形状，在堆煤过程中，可以将煤逐层压实，并兼顾平整道路等其他辅助工作。

第二节 门式斗轮堆取料机

一、MDQ1700/2500. 50型斗轮堆取料机主要技术参数

华能秦煤瑞金发电有限责任公司采用的斗轮机为长春发电设备制造有限公司生产的MDQ1700/2500. 50型门式斗轮堆取料机，其主要技术参数如表3-1所示。

表3-1 主要技术参数

项目	数值	项目	数值
堆料额定生产率（t/h）	2500	取料额定生产率（t/h）	1700～600可调
供电电压（kV）	10	供电方式	电缆卷筒
走行距离（m）	750	整机容量（kW）	550
堆料高度（m）	轨上13.5	轨下（m）	0.5
取料功率（kW）	540	堆料功率（kW）	430
最大工作轮压（kN）	250	工作走行速度（m/min）	5
非工作走行速度（m/m）	25	行走距离（m）	312.5
走行轮直径（m）	ϕ630	轮数（个）	27
驱动轮数（个）	20	轨距（m）	50
尾车轨距（m）	5	轴距（m）	10
驱动装置型式	“三合一”减速机驱动	工作风压（Pa）	250
非工作风压（Pa）	800	轨道（kg/m）	50
供电电压（kV）	10	供电频率（Hz）	50

二、门式斗轮机的主要结构

斗轮机构是本机取料工作时的主要执行机构，如图3-1所示。

华能秦煤瑞金发电有限责任公司采用MDQ1700/2500.50门式斗轮型堆取料机，以下以此来介绍门式斗轮机的结构及工作方式。

1. 折返式尾车

折返式尾车是连接本机与系统胶带机的桥梁。尾车前段是变幅机架，其头部以铰与尾车堆取变换机构滚圈连接，由变换机构牵引尾车，实现设备的堆料和取料工况，变幅机架尾部以铰的形式与固定机架相联。固定机架与长、短腿联接，并通过车轮支承于尾车轨道上，尾车的行走通过大车行走机构来牵引。尾车处在堆料状态时，系统来煤经尾车输送到堆取料胶带机上，经移动胶带机抛到料场完成堆料作业。尾车处在取料状态时，滚轮机构取煤至取料胶带机或堆取料胶带机，通过堆取料胶带机将煤输送至尾车，经系统胶带机送入锅炉，完成取料作业。

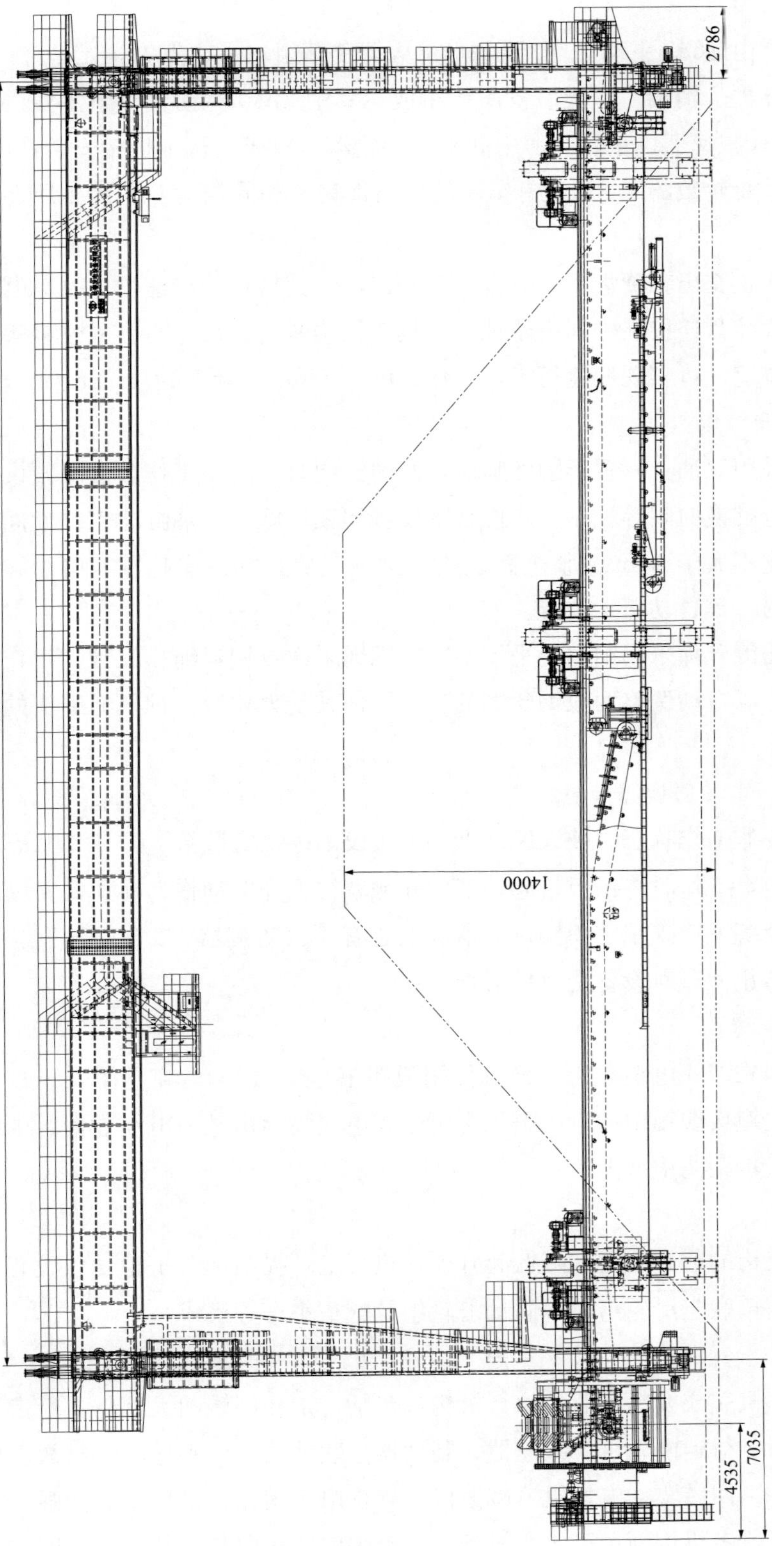

图 3-1 斗轮机左型图

2. 大车行走机构

行走机构主要由 $\phi630$ 主动台车组、$\phi630$ 从动台车组、平衡梁、锚定装置、防爬器、钢轨清扫器、缓冲器、销轴、卡板、铰座等组成。其中 $\phi630$ 主动台车组主要由主动台车架、“三合一”立式减速器、车轮组、中间轴、齿轮箱等组成。行走机构安装在门腿下部。驱动车轮数量大于总轮数的 1/2，所有车轮的规格都完全相同均为双轮缘。所有齿轮传动均为闭式结构。

减速器为立式正交出轴硬齿面“三合一”减速器，其特点为减速器、制动器、电动机为整体结构。用收缩盘连接在中间齿轮轴上，具有结构紧凑、尺寸小、重量轻等优点。行走机构采用变频调速，可实现变速行走，工作速度 5m/min，调车速度 25m/min。

3. 活动梁起升机构

活动梁升降采用双油缸，置于刚性腿侧，两油缸同时、同步工作。液压站设两台供油泵，升降动作由电磁换向阀等控制。液压系统设置闭锁设施，在油缸非工作期间内，油缸每小时的伸缩变化不大于 5mm。整个系统均无渗漏现象。并设有超压、堵油、油温低时自动加热（油箱内）等自动保护装置。

活动梁柔性腿侧升降采用钢丝绳平衡系统，钢绳采用双钢丝绳相互独立工作。其绳头固定在平衡杆上，以自动调整两根钢丝绳的长短，使其受力相等。钢丝绳绳头的固定方式安全可靠。

4. 锚定装置、电动防爬器装置

为防止设备在非工作状态时被大风刮走，本机设两组锚定装置。非工作状态时，需将锚板插入锚定座内，工作时将锚板抬起，到位并触动行程开关动作，在司机室内有信号显示，锚板的抬起及落下均采用手动操作。本机上装有 4 台防爬器，4 台防爬器分别布置在行走机构上，以防止大风时设备沿轨道滑行。

5. 电缆卷筒装置

电缆卷筒采用磁滞式电缆卷筒（详见使用说明书），三合一电缆卷筒安装在柔性腿侧拖车上，把地面电缆接线箱中的电源引至主机上。电缆卷筒由动力电缆卷筒、电缆导架等组成，采用料场行走距离中部上机。

6. 配重机构

为减少起升机构的起升载荷，降低起升电动机容量，提高起升平稳性，设有两套配重机构，配重机构由单联定滑轮组、单联动滑轮组及配重小车等组成。

7. 滚轮机构

滚轮机构是本机完成取料作业的执行机构，包括行走和回转两大部件。行走部分主要由台车架、车轮组、行走电动机、减速器、制动器、联轴器、水平导轮等组成。回转部分主要由滚圈、料斗、回转驱动电动机、减速机、导辊组、销轮销齿传动、圆弧挡板、钩轮限位装置等组成。行走机构满足滚轮在料场宽度范围内回转取料，其行走和回转运动的复合，保证了取料的均匀进行。

8. 机上胶带机系统

本机共有 3 条胶带机（均布置在活动梁内），即取料胶带机、堆取料胶带机和移动胶带机。

堆料工况流程：尾车（系统胶带机）—堆取料胶带机—移动胶带机—煤场。

取料工况流程：斗轮机轮斗—取料胶带机—堆取料胶带机—尾车（系统胶带机）折返输出。

9. 落煤斗

本机有 3 个落料斗，即尾车取料落料斗、尾车堆料落料斗和活动梁中部落料斗，落料斗将物料从一个胶带机转到另一胶带机上，防止撒料，并抑制粉尘飞扬，保持设备清洁。

10. 司机室

司机室与尾车同侧，通过司机室吊架固定在固定梁靠近刚性腿侧，司机室内部设有控制整机动作的操纵台及完成主要功能的机构仪表显示盘，司机室为全封闭结构，设有空调器、四加一电话、电源插座及灭火器等。司机室里操作装备的布置能使操作员方便、快捷、准确地进行操作，仪表布置在容易看到的地方。

11. 斗轮机配电间

电气室采用封闭结构，安装于柔性腿侧的拖车上，电气室内设有本机所需的所有电气柜，并设有空调器、四加一电话、电源插座及灭火器等。

12. 单梁起重机

本机构在固定梁下方工作，其轨道固定于固定梁上，起重量为 5t 电动葫芦，型号为 CD15-24D，可在固定梁全长范围内自由移动，便于对活动梁内胶带机系统及滚轮机构等的检修。

13. 拖缆机构

本机拖缆机构包括滚轮机构拖缆及移动胶带机拖缆，均布置在活动梁上，两拖缆机构无动力驱动，由滚轮机构及移动胶带机拖动。

14. 梯子平台

梯子平台是运行和维护人员的工作通道，凡需要检修的地方均设有梯子平台对于经常操作、检查或维修的场所，均设置大小合适的永久性钢制平台，其负载能力不小于 4000N/m^2。平台台面采用格栅式钢材，一切敞开的边缘均设置高度不小于 1200mm 的安全防护栏杆和高度不小于 180mm 的踢脚板。平台的大小适合于进行维修工作，至少能并排容纳两人，最窄不小于 600mm。在驱动装置周围的平台宽度不小于 1000mm。每个平台至少装设一部易于达到的钢制扶梯，其安装位置既方便人员上下，且不妨碍设备维修和材料搬运。扶梯的宽度一般为 800mm，最窄不小于 600mm，扶梯与水平面的夹角一般不大于 60°（跨越梯除外），每个扶梯均设有扶手。扶梯光滑无毛刺，并有足够的刚度并牢固装设，以防晃动。

15. 堆取变换机构

堆取变换机构是堆取工况变换位置的实现机构，通过将尾车头部滚筒转换为不同位置来达到堆取料工况，堆取变换机构主要由驱动装置、变换体、导轮组、尾车吊座等组成。变换机构套装在尾车侧的活动梁端头上，尾车头部通过尾车吊座与变换体相联，这种结构运行可靠，在取料和堆料位均设有限位保护，变换准确到位。

16. 安全装置

安全装置包括限位装置和风力报警装置以及胶带跑偏保护装置。

终点限位：大车行走机构、滚轮行走机构、移动胶带机分别装有终点限位或工作限位。

变换限位：堆取变换机构设有堆料位和取料位限位开关，保证尾车头部滚筒准确到位。变换机构设有主令控制器以防止作业时超过极限。

升降限位：活动梁升降机构设有高、低位限位开关及松绳保护开关。

两机防撞限位：采用激光开关分别布置在同轨布置的两台设备的大车行走台车架上和尾车支腿上，控制两车的距离范围。

风力报警装置：当风力达到20m/s时司机室内有声光报警信号。

胶带保护装置：本机活动梁内三胶带机，胶带都设有二级跑偏开关、速度监控仪等保护装置。

物料探测装置：移动胶带机下设料位检测装置，防止活动梁撞料堆。

三、门式斗轮堆取料机的工作原理及过程

（一）堆料作业

1. 分层堆料（适合于手动，联动及半自动操作）

堆料时将设备停在预定位置，活动梁位于某一预定高度，移动胶带机胶带单向运行并在其行走范围内作往复运动（范围由限位开关控制，例如左堆时，移动胶带机就在左堆左限位和左堆右限位间往复行走。右堆时亦然）经若干个往复堆料后，料堆高度达到一定值后（半自动操作时，由装在移动胶带机上的物料探测装置发出信号）大车向前行走1～2m，重复上述堆料过程，直至料场中心一侧第一层物料堆储完毕。当堆料场中心另一侧物料时，移动胶带机胶带反向运行在另一堆料范围内往复堆料，从而完成整个料场第一层物料的堆储。以后每完成一层堆料活动梁升高1～1.5m（半自动控制时按预定提升高度），重复上述堆料过程即可实现整个料场的分层堆料，如图3-2所示。

2. 定点堆料（适合于手动，联动操作）

定点堆料也是先堆一侧料场后再堆另一侧料场，移动胶带机在其运行范围内断续行走，形成定点堆料，料堆呈多峰状。具体操作如下：

以左堆为例：打开左堆开关，将移动胶带机开到左堆两个限位之间，胶带机单向运行，同时活动梁升到某一预定高度，移动胶带机停于起始点，开始堆料，当料堆高度接近移动胶带机时，移动胶带机前进或后退 1～1.5m，堆下一点，直至完成该堆料范围；大车向前行走 1～2m，重复上述堆料过程，如此堆完一侧料场。堆另一侧料场时，打开右堆开关，移动胶带机反向运行，堆料操作同上。如此，移动胶带机断续往复行走，大车断续前进或后退，可以以定点堆料方式实现整个料场的物料堆储，如图 3-3 所示。

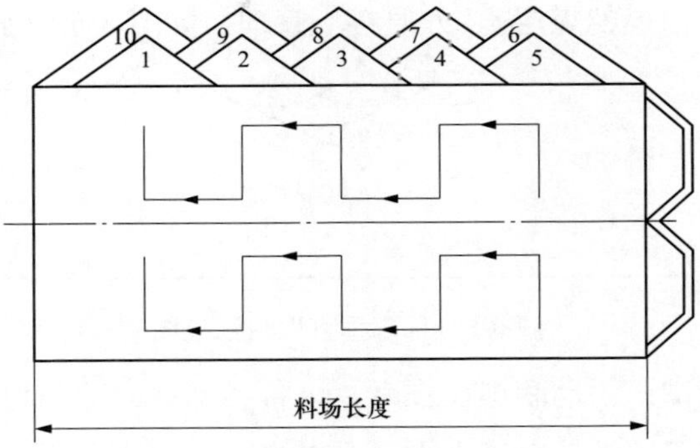

图 3-2　分层堆料示意图

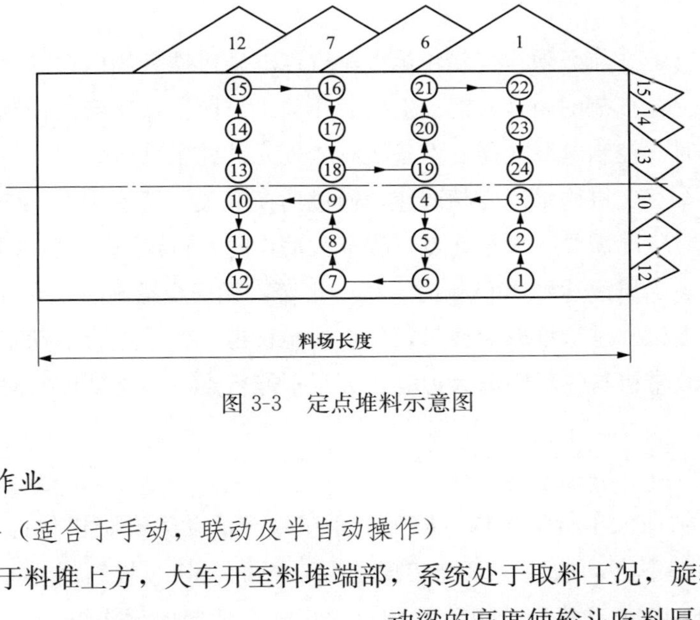

图 3-3　定点堆料示意图

（二）取料作业

1. 分层取料（适合于手动，联动及半自动操作）

将活动梁置于料堆上方，大车开至料堆端部，系统处于取料工况，旋转轮斗，调整活动梁的高度使轮斗吃料厚度逐步加大到预定值，滚轮小车开始行走，（以后的操作可以以半自动方式进行）当从一端行至另一端时，大车步进 0.5～1m，继续取料，直至取完第一层物料；然后以料堆另一端为起点重复上述取料过程，以分层取料方式完成取料任务。该种方式是本机最常用的取料方式，如图 3-4 所示。

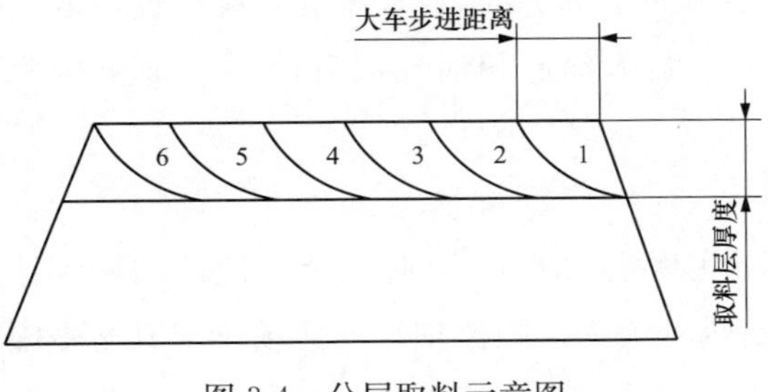

图 3-4　分层取料示意图

2. 顶部垂直取料（适合于手动，联动）

这一取料方式主要用于整理料场，选择性地挖取料场顶部任意位置的物料（如挖取轻度自燃的煤层)，方便料场管理，如图 3-5 所示。

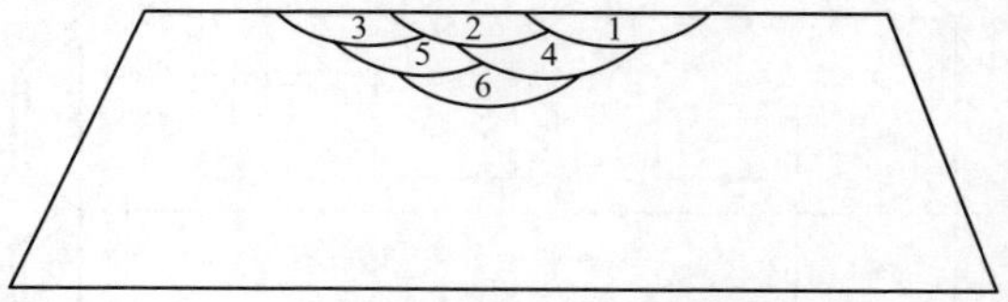

图 3-5 顶部垂直取料示意图

(三) 斗轮堆取料机的操作

本机的操作方法有手动独立操作和手动联锁操作及半自动操作 3 种。手动独立操作即各个运行部件均可独立操作，不影响其他部件。该操作方式主要用于设备的调试。手动联锁操作时，设备各部件的动作均按事先规定好的程序进行。半自动操作，在该工况下，料堆上平面要求平整，上下高低差不大于 0.5m，堆取料前滚轮机构开到极限位置后，该工况可以启动，运行中大车步进距离由预先设置好的程序控制，由物料探测装置检测移动胶带机与料堆顶部的距离，从而控制活动梁的升降，升降值由预先设置好的程序（可调）控制，后两种方式主要用于生产过程。

1. 大车行走

斗轮机大车行走之前必须检查斗轮机大车行走电动机铁鞋确已拆除、抬起斗轮机锚定装置、清除轨道上运行范围内障碍物。上机后在司机室内按操作台上控制电源按钮，当控制电源指示灯亮时，控制电源接通，设备所有电气元件处于供电状态。打开大车行走轮夹轨器。斗轮机大车行走机构采用变频调速，通过切换开关，可实现 5、25m/min 两种不同的行走速度以适应工况需要。大车终点行程开关动作时，行走电动机立即停止工作，但可打反转重新工作。当风速达到 20m/s 时，机上报警，无安全措施时不允许运行，应立即定锚、夹轨，人员下机。进行堆取变换时，禁止大车行走，禁止进行活动梁上升/下降操作。活动梁下的移动胶带机与物料距离太近时，大车不能行走（半自动操作时由物料探测装置控制）。

2. 堆取变换

堆取变换必须在大车行走机构、胶带机系统以及活动梁升降机构停止工作的情况下运行变换操作，按下启动按钮，即能实现堆取工况的变换。堆料时尾车升至堆料位置，堆料限位动作，变换电动机停止工作，但可以反转。取料时尾车升至取料位置，取料限位动作，变换电动机停止工作，但可以反转。大车行走和活动梁升降时，该机构不能运转。

3. 活动梁升降

启动操纵台活动梁上升、下降按钮，即可实现活动上升/下降功能，使活动梁到达预定位置，为严防超限，设有升降行程开关。行程开关为极限保护。若活动梁起升至极限位置行程开关动作时，电动机控制上升电磁阀立即停止工作，但下降电磁阀可以工作；若活动梁下降至极限位置行程开关动作时，电动机控制下降电磁阀立即停止工作，但上升电磁阀可以工作。司机室内有声光显示。堆取变换机构运行时，禁止活动梁进行上升/下降操作。松绳保护开关动作时活动梁立即停止上升/下降操作，通知检修人员检查人员必须对机上所有滑轮组、钢丝绳进行检查，并将已脱槽的钢丝绳恢复，确定无误后，将该限位复位，活动梁升降恢复正常。

4. 堆料

接到堆料通知后，依次操纵堆取变换开关至堆料位，堆取料落煤斗挡板关闭，依次联锁启动移动胶带机—堆取料胶带机—通知程控室，启动系统胶带进行堆料。

5. 取料

接到取料通知后，依次操纵堆取转换开关至取料位，堆取料落煤斗挡板打开，待系统胶带机启动后：依次启动堆取料胶带机—取料胶带机—滚轮机构，即可实现取料功能。

四、MDQ1700/2500.50 型斗轮堆取料机技术性能

MDQ1700/2500.50 型斗轮堆取料机技术规范见表 3-2。

表 3-2　　门式斗轮堆取料机设备技术规范表

项　　目	规　　范
设备型号	门式左型、右型各一台（MDQ1700/2500.50）
出力	
额 65（t/h）	堆料：2500
	取料：1700～600 可调
最大出力（t/h）	堆料：2500
	取料：1700
储煤场堆高	
轨上（m）	13.5
轨下（m）	0.5
供电电压（kV）	10
供电方式	电缆卷筒
走行距离（m）	750
装机容量（kW）	550
取料功率（kW）	540
堆料功率（kW）	430
控制方式	机上半自动及集中手动控制
大车走行机构	
走行机构型式	机械传动式
最大工作轮压（kN）	250
工作走行速度（m/min）	5
非工作走行速度（m/min）	25
走行轮直径（m）	ϕ630

续表

项目		规范
轮数（个）		27
驱动轮数（个）		20
轨距（m）		50
轴距（m）		10
轨道型号		P50
驱动装置型式		“三合一”减速机驱动
电动机功率（kW）		6×11
制动器型号		“三合一”减速机自带
走行减速机的型号		JRTFH107D160M4-BE-V-STH-58.12-M1-0°
减速机速比		$i=58.12$
活动梁起升机构		
起升速度（m/min）		3
起升高度（mm）		13 350
滑轮名义直径（mm）		ϕ1250
驱动装置型式		液压驱动型式
电动机型号		液压系统自带
电动机功率（kW）		55×2
电动机转速（r/min）		1470
液压站		双油缸、双泵组（泵、阀进口）
胶带机		
运行方式		双/单向运行
带宽（mm）		1600
带速（m/s）		3.15
输送能力（t/h）		2500
取料胶带机	电动机型号	YE3-200L-4　IP55
	电动机功率（kW）	30
	电动机转速（r/min）	1480
	减速器型号	JRHH2SH4-20-A/B-01-78
	传动比	$i=20$
	制动器	YWZ9-200/25
堆取料皮带	电动机型号	YE3-250M-4　IP55
	电动机功率（kW）	55
	电动机转速（r/min）	1480
	减速器型号	JRHB3SH5-20-A/B-01-78
	传动比	$i=20$
	制动器	YWZ9-250/45

续表

项　目		规　范
移动胶带机	电动滚筒（kW）	45
移动胶带机行走小车	行走电机（kW）	4×1.5
	转速（r/min）	1500
	减速器	CHHM2-6130-B-43
	传动比	$i=43$
	制动器	减速机自带
	行走速度（m/min）	12.79
滚轮机构		
回转机构	取料能力（t/h）	1700～600
	斗轮直径（mm）	7441
	斗数（个）	10
	斗容（m^3）	0.5
	斗轮转速（r/min）	6.21
	电源（V）	三相交流 380
	驱动装置型式	销轮销齿传动
	电动机型号	YSP250M-4
	电动机功率（kW）	55×2
	电动机转速（r/min）	1480
	减速器型号	JRHB3SH5-20-A/B-01-78
	减速器速比	$i=20$
行走机构	行走速度（m/min）	15.61
	轴距（mm）	4000
	轨距（mm）	2700
	车轮直径（mm）	400
	钢轨型号	P24
	最大轮压（kN）	78
	“三合一”减速器型号	JRTFA107GDE160S4-BE-V-STH-117
	“三合一”减速器功率	7.5kW×2
	“三合一”减速器输出轴转速	12.4r/min
	“三合一”减速器制动器	“三合一”减速机自带
尾车堆取变换机构		
滚圈直径（节圆）（mm）		5091
变换历时（min）		3.22
链条直径	链条节距（mm）	88.37
	链轮齿数	13Z
	传动比	$i=13.923$

续表

项目		规范
制动器	型号	YWZ9-200/E23
	制动力矩（N·m）	112～200
电动机	型号	YZ160M1-6 IP55 带加热器
	功率（kW）	5.5
	电压（V）	380
	转速（r/min）	933
减速机	型号	CHH-6225DB-473
	公称速比	i=473
三合一电缆卷筒		
电缆	型号	HJMPR3×35＋3×25/3＋(18×2.5)C＋12FO 9/125 单模
	截面（mm）	ϕ55.6～59
	电压等级（kV）	8.7/15
电缆卷盘	直径	5750mm
	容缆长度	340m（含3圈安全圈）
电缆卷筒	型号	DJ2P-［J2D-4＋J1K-18＋12FO］-2000/K
	电压等级（kV）	10kV
	型式	变频式
水缆卷筒		
水缆	型号	DN40
	截面（mm）	ϕ48.2
水缆卷盘	直径（mm）	5200
	容缆长度（m）	340（含3圈安全圈）
水缆卷筒	型号	CZ-3000-I-Q
	电压等级（V）	380
	型式	磁滞式
干雾抑尘系统		
水箱容积（m^3）		6.36
水泵型号		CDMF5-28 多级立式离心泵
水泵流量（m^3/h）		5
扬程（m）		135
水泵配带电动机功率（kW）		4
空压机型号		EWA55A-Z-S
空压机排气量（m^3/min）		10.5
空气压缩机功率（kW）		55
空气压缩机排气压力（MPa）		0.7

第三节 斗轮机的液压系统

斗轮机设备主要由折返式尾车、大车行走机构、活动梁起升机构、滚轮机构、下部提升液压系统、机上胶带机系统、落煤斗等机构组成。

活动梁升降采用双油缸，置于刚性腿侧，两油缸同时、同步工作。液压站设两台供油泵，升降动作由电磁换向阀等控制。液压系统设置闭锁设施，在油缸非工作期间内，油缸每小时的伸缩变化不大于 5mm。整个系统均无渗漏现象。并设有超压、堵油、油温低时自动加热（油箱内）等自动保护装置。

一、液压系统工作原理

液压系统是通过液压泵把驱动液压泵的电动机或发动机的机械能转换成油液的压力能，经过各种控制阀（压力控制阀、流量控制阀、方向控制阀），送到作为执行器的液压缸或液压马达中，再转换成机械动力去驱动负载。

回转液压系统的工作原理是低压油进入油泵吸油口，该泵排出的高压油经换向阀进入液压马达，液压马达带动回转减速机、小齿轮转动带动回转轴承以及上部转动部分回转，从而实现回转堆料和回转取料的功能。

俯仰液压系统的工作原理是低压油进入油泵吸油口，该泵排出的高压油经换向阀进入油缸，此时油缸活塞在高压油的推动下上下运动从而使悬臂机构升、降。

斗轮机系统构成如图 3-6 所示。

二、组成部分及作用

（1）原动机：包括电动机和发电机。其作用是向液压系统提供机械能。

（2）液压泵：包括齿轮泵、叶片泵和柱塞泵。其作用是把原动机所提供的机械能转变成油液的压力能，输出高压油液。

（3）执行器：包括液压缸、液压马达和摆动马达。其作用是把油液的压力能转变成机械能去驱动负载作功实现往复直线运动连续转动或摆动。

（4）控制阀：包括压力控制阀、流量控制阀和方向控制阀。其作用是控制从液压泵到执行器的油液压力、流量和流动方向，从而控制执行器的力、速度和方向。

（5）油箱。其作用盛放液压油，向液压泵供应液压油，回收来自执行器的完成了能量传递任务之后的低压油液。

（6）管路。输送油液。

（7）过滤器。滤除油液中的杂质，保持系统正常工作所需的油液清洁度。

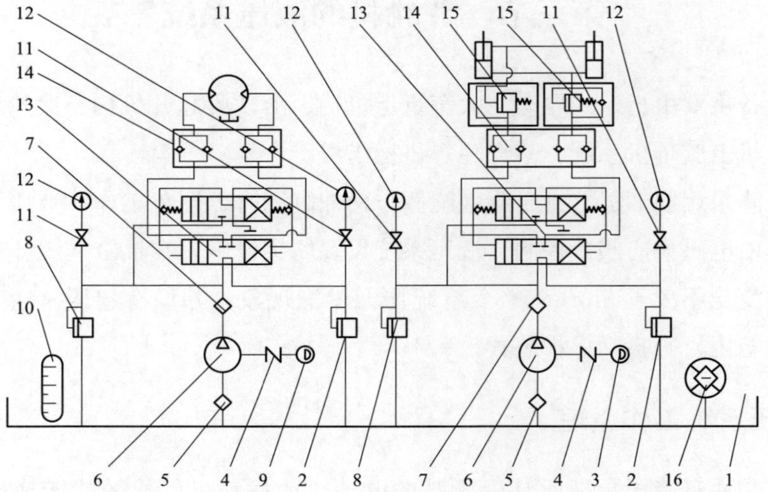

序号	型号	名称	数量
1	SPST–00	油箱	1
2	DB20–1–30/100U	溢流阀	2
3	Y160N–4B3	电机	1
4	N1.5	联轴器	2
5	WU–400×80F–J	滤油器	2
6	63SCY14–1B	柱塞泵	2
7	ZU–H160×30S	压力管滤油器	2
8	Db20–1–30/200U	溢流阀	2
9	Y160N–4B3	电机	1
10	YWZ–200T	油位油温计	1
11	KF–L8/20E	压力表开关	1
12	YN–100	压力表	4
13	4weh16G50/6A220ENZ	电液阀	4
14	22FS16–30/S2	双单向节流阀	2
15	XD4F–L20H3	先导顺序阀	2
16	EF6–80	空气滤芯	1

图 3-6　斗轮机液压系统构成

（8）密封。在固定连接或运动连接处防止油液泄漏，以保证工作压力的建立。

（9）液压油。传递能量的工作介质，也起润滑和冷却作用。

三、液压系统运行调整和注意事项

1. 流量调整

（1）粗调：在柱塞泵的正前方有个表盘，共分为 10 格，上方有个手柄，顺时针转动手柄时，油泵流量减小，逆时针转动手柄时油泵流量加大。根据经验，一般调至在第 6、7 格左右，使系统正常工作速度后稍微大些。但也不能太大，如过大，执行机构速度加快，泵体噪声大，容易发热；过小，执行机构速度慢或不工作。原则上在执行机构动作正常情况下油泵流量越小越好。

（2）微调：用内六角扳手调整双单向节流阀两端螺杆。顺时针转动调整时，螺杆旋进，流量减小；逆时针转动调整时，螺杆旋出，流量增加。一般起升侧螺杆、左右回转螺杆应全部旋出，使流量在最大位置，降应旋出在一半的位置，使下降速度慢些，主要防止悬臂在下降过程中因自重速度太快。

调整升降双单向节流阀左侧螺杆，可改变下降速度；调整升降双单向节流阀右侧螺杆，可改变起升速度；调整回转双单向节流阀左侧螺杆，可改变向左回转速度；调整回转双单向节流阀右侧螺杆，可改变向右回转速度。

整个系统的工作速度快慢，主要还是通过调整柱塞泵的出口流量来调整，双单向节流阀一般不要经常调整。在起升与下降、向左回转与向右回转等速度不正常的情况下进行微调，如调整后执行机构速度还是太快或太慢，应根据现场实际情况调整柱塞泵的出口流量。

2. 压力调整

当液压系统启动后，先空转数秒，不要马上投入运行，观察系统备压压力表是否有压力，如不正常应进行调整溢流阀设置压力（溢流阀及压力表跟现场对应情况：进泵房第一个为升降系统备压溢流阀及压力表，第二个为升降系统工作压力溢流阀及压力表，第三个为回转系统备压溢流阀及压力表，第四个为回转系统工作压力溢流阀及压力表）。调整溢流阀，顺时针转动手柄时，压力升高；逆时针转动手柄时，压力降低。

系统备压不要设置太高，一般调整至 2MPa 左右。如在调整过程中没有备压，应通知检修人员进行检查、清洗溢流阀等液压元件。在调整备压时尽量不要动工作压力溢流阀，以防止工作压力溢流阀设置压力过高，在系统工作启动时工作压力突然升高，超过系统最高压力，甚至更高。系统工作压力一般调整至 10MPa 左右。如没工作压力，首先应检查电磁阀是否得电确定电，气正常情况下，观察是否有备压，如无备压，无论怎么调整溢流阀，工作压力始终是不会有的，且工作溢流阀应调整在最小位置。如在电气、备压正常情况下调整还是没有压力，应进行检查、清洗溢流阀等液压元件。

第四节　斗轮堆取料机运行与维护

一、斗轮机运行的安全注意事项

（1）必须由经过专门训练的合格司机进行操作。

（2）设备应在 20m/s 以下的风速下工作，斗轮机应处于锭锚及夹轨状态。设备作业时，严禁在其作业范围内站人，夜间工作机上照明应呈良好状态。

（3）作业过程中出现突然停电或线路电压降太多，司机要切断总电源，尽快将斗轮机所有电气设备停止运行。

（4）本机工作时严禁加油、清扫和检修。检修或清扫时必须切断电源。检查或检修时必须切断电源。

（5）禁止以任何方式在机上抛掷物品。

（6）工具及备品必须存放在专门的箱柜内，禁止随处散放。

二、斗轮机运行前的检查与准备工作

（1）检查斗轮机备用情况，斗轮机各个附属设备均处于备用状态。

（2）检查斗轮机供电良好。

（3）检查大车、滚轮小车轨道无障碍物、油污等。

（4）解除大车锚锭装置，松开大车电动夹轨器。

（5）检查斗轮机滑线完整齐全，滑线接头罩壳完整齐全。

（6）检查电缆接头螺栓完整齐全，安装牢固无松动。

（7）检查钢丝绳缠绕磨损情况，绳头固定应牢固牢靠。

（8）检查各部连接有无明显松动、损伤和断裂情况。

（9）检查各控制手柄及开关位置是否在零位。

（10）接通电源，观察斗轮机各附属设备电流表、电压表指示正常。

三、斗轮机运行注意事项

（1）非当班斗轮机司机不得擅自操作，斗轮机作业时无关人员不得在斗轮机附近停留。

（2）堆料与取料作业前，要向程控员核实煤种和场次、距离，确保不把煤种搞错。

（3）在运行中禁止进行任何维护及消缺工作。

（4）运行中应密切监视各运行设备的电流表变化情况，发现异常应立即停机，查明原因。

（5）各运转机构在运行中，应运转平稳，无异声。

（6）取料时，发现有长、大铁件、钢丝绳、大块异物应停机清除，并放到指定位置。

（7）取料时不允许取含有明火的煤炭；发现煤炭明火须汇报班长；取自燃过的煤炭须投用斗轮机的水喷雾。

（8）堆料层的料堆顶部力求平整，尽量减少煤堆之间的沟道，以利于取料均匀。

四、斗轮堆取料机常见故障及处理方法

斗轮堆取料机常见故障及处理方法，见表3-3。

表 3-3 **斗轮堆取料机常见故障及处理方法**

零件	故障情况	原因及可能后果	处理方法
滑轮	滑轮槽磨损不均匀	安装不正确，钢丝绳润滑不良，导致钢丝绳与滑轮磨	不均匀磨损超过 3mm 时更换
	滑轮不转动	心轴和钢丝绳磨损加剧，阻力加大	注意润滑情况，心轴是否擦伤，轴承是否完好
	滑轮心轴磨损	润滑不良，心轴损坏，导致阻力增大	更换心轴
	轮缘断裂，滑轮倾斜，松动	轴上定位板松动	更换新轮，调整紧固定位板，使轴固定
滚子轴承	工作时轴承响声大	缺少润滑油或安装不良	检查轴承中的润滑油
		轴承中有油污	清洗轴承后注入新的润滑油
		装配不良，使轴承卡涩	检查轴承装配质量
		轴承部件损坏	更新轴承
齿轮	齿轮轮齿折断	在工作时跳动，继而损坏机构	更换新齿轮
	齿轮磨损	齿轮传动时声响不正常有跳动现象	齿轮磨损过大，超过限定（一般磨损量达到 15%～20%原齿厚更换）应更换
	轮辐，轮缘或轮毂有裂纹	齿轮损坏	更换新齿轮
	键损坏，齿轮在轴上跳动	断键	换新键，保证齿轮可靠地装配于轴上
联轴器	半联轴器内有裂纹	产品质量	更换新件
		装配质量	
		无法传递扭矩	
	联轴器内螺栓孔磨损	螺栓未拧紧在机构运行时跳动，会切断螺栓，动力无法传递	定期检查联结螺栓已磨损的联轴器，可重新钻孔或扩孔
	齿形联轴器齿磨损或折断	齿宽不够或有效接触宽度不够导致联轴器损坏或寿命缩短	保证安装质量已损坏的重新更换
	键槽磨损	装配不当或间隙过大	补焊磨损的键槽，并在与旧键槽相距 90°处重新加工键槽
减速机	发出周期性的颤动声响	齿轮周节误差过大或齿侧间隙超过标准，引起机构震	更换不合格的齿轮，或更换齿轮辐
	发出剧烈的金属摩擦声引起减速机振动	通常是减速机高速轴与电动机轴不同心或齿轮磨损不均，齿顶有尖锐的边缘所致	检修，调整同轴度或修正齿轮轮齿
	壳体，特别是安装轴处发热	轴承安装不良、滚珠破碎、保持架破碎、轴颈卡住、轮齿磨损，缺少润滑油、润滑油变质	更换轴承，修整齿轮 更换润滑油

续表

零件	故障情况	原因及可能后果	处理方法
减速机	润滑油沿中分面外漏	密封垫损坏	将中分面清洗，更换密封垫，涂上密封胶
		减速机壳体变形	
		中分面不平	检修壳体，中分面刮平并开回
		连接螺栓松动	油槽紧固螺栓
	减速机整体振动	减速机紧固螺栓松动	紧固固定螺栓
		工作机不同心	调整工作机的同心度
胶带机	皮带跑偏	皮带支撑托辊安装不正确	向左跑偏，可把托辊支架左端前移，或右端后移
		传动滚筒与尾部滚筒轴线不平行	调整滚筒两边支架，使滚筒轴线平行，张紧力相同
		滚筒表面有煤垢	去煤垢，改善清扫器作用
		皮带接头不正	用直角尺垂直割切皮带接头，重新粘接
		给料方向不正	使落煤方向正对皮带中心
	皮带打滑	皮带与滚筒表面摩擦力不够	检查滚筒表面，使其洁净干燥 增加张紧力 皮带过长需要重新接头
制动器	断电后不能及时制动，滑行距离较大	杠杆系统中的活动关节被卡住	检查有无卡住现象，并用润滑油润滑活动关节
	制动瓦松不开	制动瓦磨损	更换
		液压制动器运行不灵活	检查液压推动器及电气部分，注意液压油是否足量，使用是否恰当
		制动瓦与制动轮胶粘	用煤油清洗制动轮及制动瓦
		活动关节卡住	检查有无卡住现象，并用润滑油润滑活动关节
	制动瓦发出焦味或磨损快	液压推动器运行不灵活	推动器油使用是否恰当 推动器叶轮和电气是否正常
		制动时制动瓦不是均匀地刹住或脱开，致使局部磨损发热	调整制动瓦或更换
	制动瓦易脱开	调整螺母没有拧紧	按调整的位置拧紧调整螺母
		传动系统偏差过大	检查电动机丢转情况，并使电动机制动器合理匹配 检查传动轴，齿轮及键的情况
		金属结构变形	校正
		轨道安装误差超限	调整轨道，使跨度，直线度，表高等均符合要求
		轨道表面有异物	清除异物

续表

零件	故障情况	原因及可能后果	处理方法
防爬器	下放或上提不到位，止不住，影响车轮启动运行	各活动铰接部分有卡住现象或润滑不良安装不正确	修正各活动铰接部分加润滑油
轴	键槽损坏	不能传递扭矩	重铣键槽或换轴
	轴上有裂纹	断轴	更换新轴
	轴弯曲	轴径磨损严重	校直（直线度小于0.5mm/m）换新轴
	键槽尺寸超差	键槽磨损加剧或断键	重铣键槽或换轴
电动机	电动机过热	工作制度超过额定值而过载	减少工作时间
	定子铁芯局部过热	在低压下工作	当电压低于额定值时，减少负荷
		铁芯的矽钢片间发生局部短路	消除矽钢片上的毛刺或其他引起短路的因素，并涂绝缘漆
	转子温度升高，定子有大电流冲击电机，在额定负荷时不能按额定转速工作	绕线端头中性点或并联绕组间接触不良	检查所有焊接接头，清除外部缺陷
		绕组与滑环连接不良	检查绕组与滑环的连接状况，消除缺陷
		电刷器械接触不良	检查并调整电刷器械
		电路中有接触不良处	检查连接导线与加速接触器或控制转子电路的连接状况，对接触不良处进行修正
			检查电阻状况，断裂的须更换
	电动机工作时振动	电动机轴与减速机轴不同心	找正电动机与减速机的同心度
		轴承磨损	检查并修理或更换轴承
		转子变形	检查并车圆转子
	电机工作时不正常	定子相位错移	检查连接系统
		定子铁芯未压紧	检查定子铁芯，重叠或重压铁芯
		滚动轴承磨损	更换轴承
		键损坏	更换
		磁导体的可动部分接触不上静止部分	消除引起磁体可动部分动作不正常的原因
	产生较大响声	线圈过载	减小可动触头弹簧的压力
		磁导体表面脏污	清除脏污
		磁导体弯曲	调整磁导体的位置
		磁导体的自动调整系统卡住	消除附加的摩擦
	动作迟缓	磁导体的静止部分过远	缩短两者距离
		器械底版上下不对中	调整
	断电时磁铁不脱开	触头压力不均	调整触头弹簧压力
	触头过热或烧灼	触头动静块间压力不够	调整触头弹簧压力
		触头脏污	清除脏污或更换触头滑块

五、斗轮机的维护保养

（1）斗轮机机构的润滑。设备经常保持良好的润滑，是延长设备使用寿命，确保设备正常运行的一个重要因素，对于需要润滑的零部件，必须使用有效的正确方法，采用正确的润滑油（或脂），使之经常保持良好的润滑状态，这是日常保养和维护的一项必不可少的工作。

（2）润滑注意事项

1）各类润滑油及润滑脂，应有专用的密封的容器盛装，容器、漏斗、油枪等用具必须保持清洁。

2）对于采用涂刷加油方式的部位（如开式齿轮、钢丝绳）应先将旧油污刮去，然后涂刷新润滑油、润滑脂。

3）清洗减速箱油池时，应把陈油放掉，清洗后加入新油至油标指示深度。

4）对于采用滴涂方式加油部位（如链条、链轮），可以用油壶进行加油。

第五节 装 载 机

轮式装载机广泛用于进行铲装或短距离转运松土、煤炭等松散物料，还能进行牵引、平地、堆集、倒垛等作业，是一种多用途、高效率的工程机械。轮式装载机具有以下特点：

（1）采用铰接式车架、转弯半径小、机动灵活，便于在狭窄场地作业。

（2）采用液力机械式传动，能充分利用发动机的功率，增大扭矩，使整机具有较大牵引力。同时，还能适应外界阻力变化而自动无级变速，对传动机件和发动机起保护作用。

（3）采用液压助力转向，动力换挡变速，工作装置液压操纵。整机操作轻便灵活，动作平稳可靠。

（4）采用低压宽基越野轮胎，加之后桥可绕中心上下摆动，因此具有良好的越野性能和通过性能，适应在崎岖不平的路面上行驶和作业。

（5）采用先进的驱动棒，具有重量轻、强度高、结构紧凑等特点。

（6）采用了先进可靠的手动制动和脚动制动系统。

下面以 ZL80 轮式装载机为例进行介绍。

一、轮式装载机的结构及工作原理

1. 发动机系统

发动机系统主要由发动机、空气滤清器、柴油箱、散热器及油门操纵系、消音器等组成。

采用 WD615 型六缸立式水冷增压式柴油机。空气滤清器采用盆式纸质滤芯的复合空气滤清器，其作用是滤去空气中的灰尘，以减少缸套、活塞组零件的磨损，延长柴油机的寿命。一般每工作 100h 左右，需清除集尘盆中的灰尘，每隔 100～250h，取出滤芯轻轻敲击其端面，或者用压力不大于 490kPa 的压缩空气从滤芯内腔往外吹，也可以用毛刷轻刷沾污表面，但切忌用油或水清洗，如发现滤芯破损或污垢严重不易清除时，则需更换。柴油箱与机油箱分置于驾驶室的右侧和左侧下，预部有加油口，底部有放油螺栓，加油口和吸油口均有滤网，每工作一定时间，应取出滤网清理。

2. 传动系统

传动系统是由液力变矩器、变速箱、传动轴、前后桥及轮边减速器等组成的液力机械传动。发动机输出的动力，通过液力变矩器、变速箱、传动轴，传给前桥与后桥，最后通过轮边减速器驱动车轮前进与后退。

液力变矩器采用 YJ-37503 型液力变矩器，布置于发动机和变速箱之间，通过工作液体传递动力，因而具有以下特点：

（1）能自动调节输出的扭矩和转速，是装载机可以根据道路情况和阻力大小自动变更速度和牵引力以适应不断变化的各种情况。当外载荷突然增大时，能自动减速，避免外载荷继续增大，同时自动增大牵引力，以克服增大的外载荷。反之当外裁荷减小时，自动提高装载机的速度，同时自动减小牵引力，因而既保证了发动机经常在额定工况下工作，又满足了装载机牵引工况和运输工况的要求，提高了装载机的平均行驶速度，提高生产率。

（2）能吸收并消除来自发动机和外载荷的振动和冲击，保护发动饥的使用寿命。

（3）起步平稳加速迅速均匀，可以在较大的范围内实现无级变速。

单级液力变矩器通常由三元件组成：泵轮、涡轮及与液力变矩器壳体相连的导轮，泵轮、涡轮、导轮上都有均匀分布在圆周上的叶片，这三个工作轮组成一个封闭的环形空间，充满了工作液体。从泵轮流出的液体高速地流入涡轮，推动涡轮转动，使工作液体的动能转变成机械能，通过涡轮轴经变速箱、主传动等驱动车轮转动。导轮和变矩器固定壳体相连，其作用是使涡轮上的力矩和泵轮上的力矩不等，以实现变矩变速的目的。

采用定轴直齿常啮合式动力换挡变速箱，主要有箱体、箱盖、油底壳、两根换向轴、两根变速轴、输入输出轴各一根、两个换向离合器（前进与后退)，两个变速离合器，高低速接合套及齿轮等零部件。四个液压离合器组成二前二退的挡位，再与高低速机构配合得到四前四退的挡位。

安装在变矩器壳体上的油泵，自变速箱吸油，排出的压力油经过进口压力阀分成两路。一路经溢流阀进入变矩器作为工作液体，然后经过变矩器的出口压力阀、机油滤清器、机油散热器，进入变速箱的各润滑部位，最后流回变速箱底部。另一路经过变速分配阀，进入离合器，离合器的回油直接回变速箱。

变速分配阀主要由换向杆、变速杆、阀体及气阀杆和弹簧等主要部件组成。在前进与后退离合器的油路中各安装有一个蓄能器，用以防止离合器工作时液压冲击，使离合器油缸压力开始平缓上升，当离合器片贴紧时，使之迅速结合。

传动轴共有三根，从变矩器到变速箱之间为主传动轴。驱动桥分前桥和后桥，其区别仅在于主传动螺旋伞齿轮的旋向不同，前桥为左旋，后桥为右旋。前后桥主要由壳体、主传动器（包括差速器）、半轴、轮边减速器等组成。

转向系统主要由齿轮油泵、恒流阀、转向机、转向油缸、随动杆等部件组成。“方向盘不转动时”，齿轮泵输出的油液经恒流阀、转向阀回油箱。由于转向阀处于中间位置，油缸前后腔油压相等，因此前后车架保持一定相对角度位置上。“方向盘转动时”，随着方向盘的转动，转向机阀便向上或向下移动，经恒流阀来的压力油便通过转向阀进入油缸一侧，而另一侧回油，使车身屈折而转向。

制动系统包括脚制动系统和手制动系统两部分。

脚制动采用气顶油四轮盘式制动。具有制动平稳、安全可靠、结构简单、维修方便、沾水复原性好等特点。主要内夺气压镐机、多功能卸荷阀、钳盘式制动器、双回路保险阀、气推油加速器、储气筒、双管路气制动发阀等主要部件组成。发动机带动空气压缩机，压缩空气经多功能卸荷阀，进入储气筒，压力为 784kPa。踩下双管路气动制动阀，压缩空气分两路，分别进入前后加力器，推动钳盘式制动器活塞。摩擦片压向制动盘，从而制动飞轮。放松脚踏板，加力器的压缩空气从双管路气动制动阀处排除到大气，制动状态解除。

手制动系统主要由操纵杆，通过软轴使制动器内两蹄片涨开压在制动毂上，达到制动目的。

装载机的工作装置主要由铲斗、拉杆、动臂、横梁、摇臂等组成。转斗机构采用“z”形反转、单摇臂、单拉杆结构，其特点是卸载尺寸、掘起力、铲斗上翻角均较大，铲斗平移性好。动臂采用单板结构。车架是整个斗轮堆取料机所有零件连接安装的基础。主要由前车架和后车架两部分组成，同时后车架上带有副车架。

工作装置液压系统主要有齿轮泵、工作分配阀、举升油缸、翻斗油缸、油箱、粗滤器等组成。油泵由发动机带动，自工作液压油箱吸油，分配阀到举升油缸或转斗油缸。通过操纵分配阀的操纵杆，使动臂阀杆或转斗阀杆移动，即可改变油液的流动方向，实现铲斗的升降与翻转。

二、ZL50 轮式装载机的技术参数

ZL50 轮式装载机的技术规范见表 3-4。

表 3-4 **装载机的技术规范**

项目	单位	XG956II	XG962
数量	台	1	4
斗容量	m^3	3.0	3.5
额定载重量	t	5	6
卸载最大高度	mm	3287	3330
最小转弯半径	mm	7200	6320
发动机功率	kW	162	175
前后轴距	mm	1600	3300
离地间隙	mm	420	450
铲斗材料	t	耐磨钢	耐磨钢
长度	mm	1300	1450
宽度	mm	2900	3128
高度	mm	1350	1500
发动机型号		WD615	C6121
发动机功率	kW	162	175
理论油耗		13L/h	15L/h
轮胎规格		23.5-25-16PR	23.5-25-20PR
轮胎数量	个	4	4
其他			驱动桥、变速箱、防滚翻装置、动臂自动限位及铲斗放平均采用进口产品

（1）XG956II 的技术参数。

XG956II 的技术参数见表 3-5。

表 3-5 **XG956II 的技术参数**

项目	单位	技术参数
发动机额定功率	kW	175
全长	mm	8560
全宽	mm	3128
全高	mm	3490
最大卸载高度	mm	3340
相应卸载距离	mm	1380
轮胎规格		23.5-25-20PR
操作质量	kg	18 500
铲斗容量	m^3	3.5

续表

项目	单位	技术参数
额定载荷	kg	6000
最小转弯半径（铲斗外侧）	mm	6320
变速箱		ZF4WG200
变速档位数（前进/后退）		4/3
燃油箱容量	L	300
液压油箱容量	L	250
提升时间	s	≤6.5
工作装置三项和	s	≤10.5
前进1挡	km/h	6.65
前进2挡	km/h	11.8
前进3挡	km/h	23.5
前进4挡	km/h	37.6
后退1挡	km/h	6.65
后退2挡	km/h	11.8
后退3挡	km/h	23.5

（2）XG962的技术参数。

XG962的技术参数见表3-6。

表3-6 XG962的技术参数

项目	单位	技术参数	项目	单位	技术参数
操作质量	kg	17 000	全长	mm	8480
额定功率	kW	162	全宽	mm	2900
铲斗容量	m^3	3.0	全高	mm	3450
额定载荷	kg	5000	卸载高度	mm	3287
行驶速度			卸载距离	mm	1290
前进1挡	km/h	11.5	变速箱		厦工
前进2挡	km/h	38	挡位数		前2/后1
后退1挡	km/h	16	燃油箱容量	L	300
牵引能力	kN	145	液压油箱容量	L	250
转向角度	(°)	34～35	提升时间	s	6.5
转弯半径	mm	7200	三项和	s	11.8
掘起能力	kN	160	轮胎		23.5-25-16PR

三、轮式装载机的运行与维护

1. 新车走合

为了延长装载机的使用寿命，新车在使用前应进行走合试验，使各部分零件得到很好的磨合。新车走合期应不少于60h，在走合期间，车速应从低到高逐渐增速，装卸荷重不得超过常用负荷的70%，并以铲装疏松物质为宜，走合试运转分空车试运转和作业试运转两步进行。

(1) 空车试运转约进行8h，其步骤是：

1) 启动发动机后，先以低速空挡运转5min，然后逐渐加至最高转速运转10min。

2) 操纵上作装置，使动臂提升、下降，使铲斗倾翻和收斗，约进行10min。

3) 空车行驶，前进、倒退各挡速度均进行跑合。

(2) 作业试运转在空车试运转和保养后进行，作业时要逐渐增加载重量，动作不得过猛，并注意观察装载机在不同物料中的铲装能力。

走合期满后应进行以下工作：

1) 更换发动机机油，并用柴油清洗发动机的全部润滑系统。

2) 更换变矩器、变速箱及油路系统中的用油，并清洗其滤清器。

3) 更换工作液压系统中的用油，并清洗其滤清器。

4) 清洗前后桥传动箱和轮边减速器，并更换油。

2. 行驶及作业

发动机启动后空转，待水温达到50℃，机油压力不低于147kPa，且发动机运转正常时，方可松开手刹挂上排挡，开始行驶。

装载机在铲装前将变速杆置于低挡。以Ⅱ挡速度正面驶向料堆，以Ⅰ挡速度插入料堆，并逐渐加大油门进行铲掘。装载机铲掘物料一般用以下几种方法。

(1) 一次铲掘法。装载机直线前进，使铲斗前切削刃沿料堆底部插入深度为斗底深度时，装载机停止前进，然后利用转斗油缸向上翻转装满铲斗。

(2) 分段铲掘法。这种铲掘法是分段插入和提升，它主要用于铲掘难以插入的物料。

(3) 挖掘法。装载机铲斗插入料堆1/3斗底长度时，装载机停止前进，然后利用转斗油缸向上翻转装满铲斗。

(4) 配合铲掘法。装载机前进，将铲斗插入料堆不太大的深度（约0.2～0.5斗底长度）之后，在装载机断续前进的同时，向上翻转铲斗或提臂。

不得以高速行车的惯性向料堆猛冲，铲取物料时，车速应低于4km/h。

铲斗装满后即减小油门，挂上倒挡，退出料堆，同时提臂至运输状态，然后行驶。铲取的物料需要装车运走时，装载机应侧向驶往汽车，在汽车一侧将物料卸于车厢内；也可以将物料短距离运往货场卸下。

3. 安全注意事项

(1) 驾驶人员必须有正式的驾驶执照，熟悉本机说明书，按规定进行使用维修保养。

(2) 动臂下严禁站人。

(3) 制动气压低于441kPa时，不得行驶。

（4）变换高低挡时，应使车停稳后进行。

（5）转弯时必须减速，禁止急转弯和急刹车，在雨雪天气不得高速行车，避免车在斜坡上转向。

（6）严禁在发动机熄火时下坡、转向、以免液压转向失灵出事故。

（7）装载后铲斗不得超出铲过铲斗运输位置高速行车。

（8）不允许超负荷作业行驶。

（9）装载时不允许货物重心偏置。

（10）坡道停车除拉紧手刹外，车轮要用三角木打好。

（11）装载机不得近火停靠。

（12）随时注意仪表读数是否正常。

第六节　推　煤　机

一、概述

目前，国内外大中型电厂以推煤机作为煤场主要运行机械的已难以见到，但它作为辅助机械却被广泛地采用。推煤机的主要作用是：它可以把煤堆成任何形状，在堆煤的过程中，可以将煤逐层压实，并兼顾平整道路等其他辅助工作。运距在 50～70m 以内时可作为应急的上煤机械。推煤机是采用内燃机作为动力的。

柴油内燃机的工作原理如图 3-7 所示。

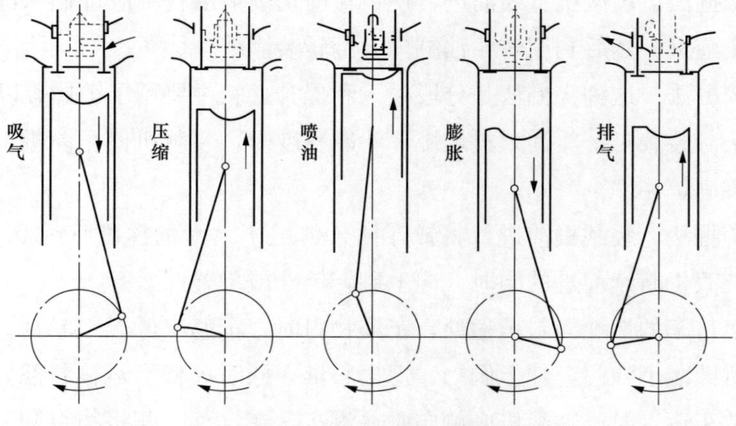

图 3-7　柴油机工作原理图

推煤机一般采用四冲程柴油机，柴油机每个工作循环中包括四个冲程和五个不同的过程。

吸气过程：活塞上升到死点附近时，进气阀开始启动，随活塞向下运动，空气从进气阀被吸入气缸，当活塞下行至下死点后，进气门关闭进气过程结束。

压缩过程：进气过程结束以后，活塞开始向上运动，由于进排气阀都关闭，故在气缸中的空气被压缩，当活塞至死点时，气缸中的空气体积被压缩到原来体积的若干分之一（发动机的压缩比），这时气缸中的压力增加到原来的几十倍，由于压缩缸内的气体的温度急剧上升，高达500℃以上，因此就给柴油燃烧创造了极好的条件。

喷油燃烧过程：当活塞行到上死点附近，柴油通过供油机构以很高的压力喷入预燃室，形成雾状，很快地蒸发燃烧。由于预燃室的容积仅占整个燃烧室容积的四分之一左右，柴油燃烧时，空气量不够，因此，仅有部分柴油燃烧，预燃室与主燃室有小孔相通，在预燃室中高压燃气以高速喷入主燃室，使未燃柴油与空气更好地混合，并且进行燃烧，这时压力已达到50×10^5Pa以上。

膨胀过程：在柴油继续燃烧的同时，高压燃气推动活塞向下运动，经连杆推动曲轴旋转，活塞达到下死点附近时，排气阀开启，膨胀过程结束。

排气过程：当排气阀开启以后，较高压力的废气，由排气阀排出，随着活塞向上运动，废气继续排出，直到活塞达到死点后，排气阀关闭，排气过程结束。

此时排气阀打开，活塞又向下运动，并进行下一个循环的吸气过程。

二、推煤机的工作原理

燃油系统原理：发动机工作时，曲轴旋转，经齿轮传动带动燃油泵主轴旋转（两者转速相同），由主轴带动齿轮泵、调速器飞锤及转速表轴工作。

燃油箱输出的柴油经燃油滤清器过滤后进入燃油泵，来油经齿轮泵通过滤网过滤，经调速器进入油门轴，在怠速时，经燃油系统调速套筒上的怠速口而进入油门轴，从燃油泵截流阀流出而输入喷油器。当柴油机转速加快时，怠速油道关闭，主油道输油由VS调速器完成。

流入喷油器的燃油经可调量孔而喷射至各汽缸燃烧室燃烧，而喷油器柱塞动作由柴油机曲轴、传动齿轮、凸轮轴、凸轮滚子、推杆及摇臂等杆系完成。

润滑油系统采用强制方式，压力由齿轮泵产生。

冷却系统原理：水冷却方式，由风扇将散热器中水的热量排入空气，从而达到降温的目的。

变速泵为齿轮泵与分动箱连接，将机械能转化为液压能，从后桥箱吸入经过粗滤器过滤的油液，排出的油经精滤器过滤而进入调压阀，调压后的油液进入液力变矩器溢流阀，被溢流为油液回桥箱，经过溢流阀的压力油进入液力变矩器，由液力变矩器背压阀来维持变矩器的油液具有足够的工作压力。通过背压阀的油液经油冷却器冷却后到润滑阀，由于润滑阀的背压作用，得以润滑分动箱，润滑后油流至变矩器壳体内，溢出的油再去润滑变速箱，润滑后油流至后桥箱内。回油泵保证变矩器壳内的油液不断地回到后桥箱中。

工作原理：工作装置部分是由齿轮泵从工作油箱内吸出工作油，将其泵入换向阀。如不操作各工作装置，油液便经换向阀至滤油器回工作油箱。操纵换向阀控制铲刀的油缸，实现铲刀的上升、下降，保持浮动控制倾斜油缸。

三、推煤机的组成

推煤机是一种大型履带式推煤机，采用机械传动和液压操纵，传动系主要由离合器、联轴带、变连箱、中央传动于转向离合器、最终传动等组成。其结构如图 3-8 所示。

行走机构主要由台车架、单双边支重轮、引导轮、托轮及履带组成；工作装置包括推土铲及松土器两部分组成；液压系统主要由主离合器、转向离合器及工作装置液压系统三部分组成；操纵系统主要由油门、主离合器、变速箱、转向离合器和转向制动、工作装置操纵等组成，另外还有司机座、驾驶室、电气系统等。

液力变矩器通过阻力增大时自动降速，并增大力矩保证机械得到平稳的传动。动力输入路线：驱动齿轮—驱动壳—泵轮；动力输出路线：涡轮—涡轮毂—涡轮输出轴。万向节作用是完成液力变矩器与变速箱之间的动力传递，可以平稳的传递力矩。变速箱作用是实现机器的前进和后退，并获得不同输出传递比。中央传动系统的作用是改变动力传递方向，一级减速，增大扭矩。转向离合器，是接通或切断从中央传动系统至最终传动系统的动力，实现整机的前进、倒退、转弯及停止各项动作。转向制动器，其作用原理通过抱紧转向离合器外毂，使最终传动齿轮中止转动，从而实现车辆的转弯或停车。最终传动系统：通过二级减速增大输出扭矩，同时通过链轮将动力传递给行走机构。

液压系统可分为工作装置的液压系统和变速转向液压系统。

工作装置指推煤铲刀。在铲刀油缸作用下，推杆及刀头均以支座为轴心摆动，实现铲刀的提升和下降。

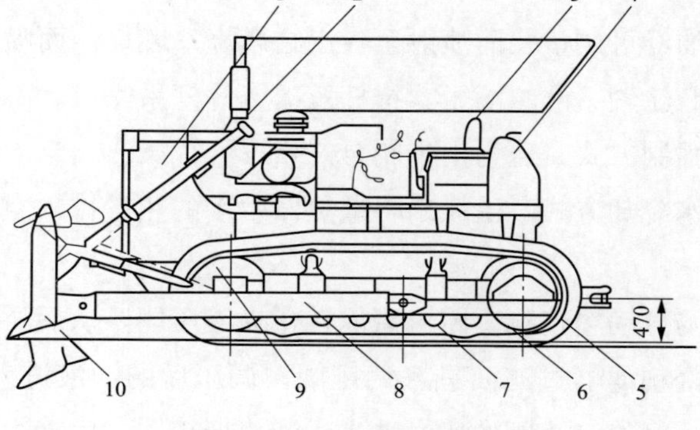

图 3-8 推土机的结构

1—发动机；2—提升油缸；3—司机座；4—燃油箱；5—履带；
6—台车；7—支重轮；8—推杆；9—引导轮；10—推土铲

四、推煤机的主要技术参数

220HP 型推煤机技术参数见表 3-7。

表 3-7　　220HP 型推煤机技术参数

类型	技术参数
一、发动机	
型号	潍柴 WP12
型式	水冷、直列、四冲程、电喷、涡轮增压、中冷、电控
飞轮功率（kW）	162（220HP）
额定转速（r/min）	175/1800
缸数一缸径×行程（mm）	6—126×155
启动方法	24V 电启动
蓄电池	105E41R（2 只）
空气滤清器	KLQ-1
传动装置	
液力变矩器	三元件、一级一相
液力变矩器厂家	山推股份
变速箱	行星齿轮式（F3-R3）
变速箱厂家	山推股份
中央传动	螺旋锥齿轮、一级减速、飞溅润滑
转向离合器	湿式多片摩擦片弹簧压紧、液压分离
转向制动器	湿式带式、脚踏式与离合器机械联动
二、行驶速度（km/h）	0～38
三、行走装置	
型式	八字梁摆动式、平衡梁悬挂结构
托轮数（单侧）	2 个/每边
支重轮数（单侧）	6 个/每边（单边 4 个、双边 2 个）
四、履带	
型式	装配式单履带（每边 38 块）
节距	216mm
宽度（m）	560mm
履带板数（每侧）	38
履带接地长度（mm）	2730
离地间隙（mm）	405
履带中心距（mm）	2000
接地压力（MPa）	0.077

续表

类型	技术参数
五、液压操作系统	
最高工作油压（MPa）	14（140kg/cm^2）
油泵形式	齿轮油泵
流量（L/min）	262（发动机转速 1800rpm）
六、推煤（土）板	
升降方式	
宽×高（mm×mm）	4200×1350
最大提升高度（mm）	1210
最大切土深度（mm）	540
刀刃切削角（°）	55°
七、燃油牌号	0 号
耗油率	205g/kWh
润滑油牌号	15W-40CF-4
八、工作制度（或方式）	
易损件寿命（月）	1～3
整机寿命（a）	10
连续工作时间（a）	符合国家标准要求
检修制度	
九、相关参数	
掘起力（kN）	398
最大牵引力（kN）	200
最小转弯半径（mm）	3300
接地压力（N/cm^2）	0.72
爬坡角度	30°
离地间隙（mm）	405
外形尺寸：长（mm）	6060
宽（mm）	4200
高（mm）	3702
整机质量（kg）	U 形铲 24000

五、推煤机的运行与维护

1. 推煤机启动前的检查

（1）检查各操作杆应在空档位置或锁紧位置。

（2）检查燃油、润滑油、冷却水应注至标准位置，若燃油截止阀在关闭位置，应开启。

（3）液压系统、储油箱、冷却水箱无渗漏现象。

（4）检查各连接螺钉，无松动。

（5）检查散热片、水管接头无漏水现象。

（6）检查空气滤清器、消音器、支重轮支架履节、工作装置等各部螺栓无松动。

（7）检查电器配线无断线，短路及接线柱松动现象。

（8）水箱注补冷却水，应在发动机停止后进行，将水注到溢水口为止，若补水量比平常过多，应查明原因，有漏水现象及时处理。

（9）检查皮带无伤痕和龟裂现象，如发现有一根损坏，其他一根也应更换。

（10）检查尘量指示器如显示红色，应卸下滤芯进行清洗。

（11）检查转向操作杆刹车是否行程增大，拉杆调整到 140～150mm 的标准行程。

（12）检查制动踏板的行程若超过 200mm 要立即进行调整，以免发生事故（110～130mm 为标准）。

（13）驾驶室内保持清洁，工具、物品等不得乱放，以免妨碍驾驶。

2. 推煤机的启停操作

（1）发动机启动：

1）启动开关钥匙旋转到“启动”位置后，启动发动机，在发动机运转中，应注意观察油压表针是否摆动，能否建立起润滑油压。

2）启动后，钥匙应退回到接通位置（自动退回），钥匙停在启动位置的连续时间，不要超过 10s，启动失败，需间隔 2min 再次启动。

3）启动后的检查：发动机启动后，不能立即进行操作，应遵守以下事项：

① 使发动机低速空载运转，检查发动机油压是否指到绿色范围之内。

② 向后拉燃料控制杆，使发动机做 5min 空载中速运转。

③ 待水温表指到绿色范围内，进行负载运转。

④ 预热运转后，检查各仪表、指示灯是否正常。

⑤ 检查排气颜色是否正常，是否有异常声音和异常振动。

⑥ 检查是否有漏柴油、机油、水现象。

（2）推煤机起步：

1）向后拉燃料控制杆，加快发动机运转。

2）松开推煤铲操作手柄的锁紧装置，把推煤铲上升到距地面 40～50cm 左右的高度。

3）松开松土器操作手柄的锁紧装置，把松土器上升到最高高度。

4）踏下左右制动踏板的中间部位，把推动器闭锁手柄推到释放位置，然后放开制动踏板。

5）把变速杆闭锁手柄推到释放位置。

6）把变速杆推到所需的挡位，使推煤机起步，起步时，要踏下减速踏板调整发动机的转速，以便缓和冲击。

7）在陡坡起步时，应使发动机全速运转，使制动踏板保持在踏下不动的状态，把变速杆推入 1 挡，慢慢地松开制动踏板，使推煤机缓缓起步。

（3）推煤机的停止：

1）向前推动燃料控制杆，使发动机转速降低。

2）把变速杆推到空挡。

3）同时踩下左右制动踏板的中间部位，使制动器制动之后，用制动器锁紧手柄锁紧。

4）把变速手柄用闭锁手柄锁紧。

5）把推煤铲平放在地面上。

6）把推煤铲的操作杆用闭锁手柄锁紧。

7）待发动机进行 5min 低速空载运转后，再把启动开关的钥匙旋回断开位置，发动机停止运转。

3. 推煤机的驾驶

驾驶推煤机前，必须仔细检查现场，避免造成人身事故或者损坏其他物品。一切准备就绪后，先将加速器手柄推到低速空转位置，再将主离合器彻底分离。此时可将变速杆移到所需要的挡位（要稳、准），将换向杆推到前进或后退位置。

推挡后可将加速器手柄向上拉到行程的中间位置，同时缓缓地结合离合器，推煤机即开始起步。随即将主离合器接到最后面，越过死点，推煤机即进入正常行驶。严禁离合器处于半结合状态。因为离合器在半结合状态下工作，会引起摩擦片迅速烧损。

推煤机在运行中需要转弯时，应操纵操向杆和脚踏板。当拉动右操向杆时，推煤机向右转弯；当拉动左操向杆时，推煤机向左转弯。拉动要缓慢，放松要平稳。当推煤机需急转弯时，除拉动操向杆外，还要踏下同一侧的脚踏板。操纵时要注意：当需要踏下脚踏板时，必须先拉动操向杆，然后踏下脚踏板，转向完了时，必须先松开脚踏板，再松开操向杆。当转弯半径较大时，尽量不踏脚踏板。

推煤机工作时，负荷不能过高或过低，负荷过高（超载）或过低都会增加发动机缸套内的积炭，引起活塞环胶结等故障，降低发动机的寿命。负荷不足（过低）还会使生产率降低，燃油耗量相对地增多。根据工作负荷的大小选用不同的推煤机速度，则能提高推煤机的生产率和降低油耗，并能延长发动机的使用寿命。

正常工作时，驾驶员必须经常监视油温、水温及油压的指示数据，以及机械有无异常变化等，发现问题，及时排除。

推煤机不允许在硬路面上用四、五挡行驶。当它在行进中，如需急转弯，应用一档小油门。不需要使用制动时，驾驶员的脚不应放在制动踏板上，以防止制动器摩擦片不必要的磨损，增加燃油消耗量。

推煤机越过障碍物（木头、土坎）时，用一挡并将两转向离合器稍分开，便于推煤机在障碍物顶点上（未平衡前）缓慢行驶。然后可轻轻地连接其中的一个转向离合器，使推煤机平稳地转过一个运动角度，以免冲击。推煤机在无负荷的情况下，从障碍物上下来时，可使用制动器。

推煤机行驶时，应根据坡度的大小选用一挡或二挡。此时应降低发动机转速，推煤机上坡或下坡行驶，禁止变速（换挡），上坡时应采用前进一挡。绝对禁止推煤机横坡行驶。

如果推煤机从陡坡上下行而且自动下滑时，操向杆的操纵应相反。即向右转弯则分开左面的转向离合器，向左转弯则分开右面的转向离合器，并且不应使用制动器。

当必须在斜坡上停车时，在分离离合器的同时必须踩住制动踏板，以防止推煤机自行下滑。长时间停车时，可使用制动销。

推煤机通过铁路时，应用一挡并垂直于铁轨行驶。当通过铁路影响信号时，必须用木块或草垫垫在铁轨上面，保证绝缘后再通过，以防止发生事故。在任何情况下，都不得在铁路上停留。

4. 推煤机的技术保养

为了保证推煤机正常运转，延长寿命、提高生产率和保持良好的经济性，必须对推煤机进行及时、认真的技术保养。技术保养分为：例行保养和一、二、三级保养。定期保养时，除柴油机按其使用说明书进行保养外，尚须按以下规定进行保养。

（1）班保养内容（启动前）：

1）检查漏油漏水。

2）检查各部位螺栓螺母是否松动。

3）检查电气线路接头，短路或断路。

4）冷却水的检查和补加。

5）燃油量的检查。

6）发动机油底壳油量的检查及补加。

7）后桥箱（包括变矩器变速箱）油位补加。

8）排除燃油箱内的水和沉淀物。

（2）每 250h 的保养（除完成班保养后增加）：

1）终传动箱油量的检查及补充。

2）工作油箱油位的检查及补油。

3）注润滑脂（润滑点见表 3-8）。

表 3-8　　推煤机注润滑脂

序号	润滑部位	润滑点数量（处）	序号	润滑部位	润滑点数量（处）
1	风扇皮带轮	1	6	油缸支架	4
2	张紧轮	1	7	倾斜油缸球接头	1
3	张紧轮托架	1	8	斜撑臂球头	1
4	斜撑臂	1	9	臂球头	1
5	油缸支座	1	10	斜臂球头	4

4）发动机油底壳机油及直通滤油器芯更换。

5）蓄电池液面检查。

6）清理燃料滤清器。

7）发电机传送带的检查和调整。

8）后桥箱、变矩器、变速箱滤清器的更换。

9）检查履带板螺栓是否松动。

（3）500h 的保养（除完成 250h 项目外增加）：

1）更换燃料滤清器滤芯。

2）复式滤清器滤芯的更换。

3）更换防腐剂储存器过滤桶。

4）通气装置的清洗。

5．推煤机使用的水、油种类及用量

推煤机使用的水、油种类及用量见表 3-9。

表 3-9　推煤机使用的水、油种类及用量

部位	加油种类		台用量（升）
	夏季	冬季	
水箱	软水	软水加防冻液	79
发动机燃油箱	0 号轻柴油	－10 号轻柴油	450
发动机油底壳	14 号机油	11 号机油	45
变矩器、变速箱、转向离合器	变速箱 14 号齿轮油、14 号机油		122
终传动箱、支重轮托轮、导向轮	14 号齿轮油		82 0.28～0.53
工作装置油箱	11 号机油或液压油		110
其余润滑部位	2、3 号锂基润滑脂		适量

六、推煤机的注意事项及安全措施

（1）非正式推煤机驾驶员不得驾驶，如有学员驾驶时，须有正式驾驶员，须有正式驾驶员在机指导。

（2）禁止在驾驶座和地板上乱放零件、工具。对各操纵杆、地板扶手上的油污、液浆要擦干净，以防滑倒。

（3）上下车时，应利用扶手，禁止跳上跳下。

（4）燃油、油脂、电池组等危险品不得接触火种。

（5）严禁酒后作业。

（6）在任何情况下，必须正确操作，在正常速度下进行运行。

（7）夜间作业应有良好的辅助照明。

（8）在上下坡时，一般不许换档。

（9）在斜坡上遇到发动机熄灭时，应首先放下推煤板，将车停稳，变速杆置于空挡，然后再重新启动。

（10）推煤机运行时，司机应密切注意机械技术情况，如有漏泄，漏水等异常现象，应及时排除。

（11）推煤机上下推煤时，应注意煤堆不应太陡，没有发生坍塌的可能。在煤堆上工作时、推煤机与煤堆边缘要保持一定的距离，以防从煤堆上滑下。

七、推煤机的常见故障及处理方法

推煤机的常见故障及处理方法，见表3-10。

表3-10　　推煤机故障及处理方法

现象	故障原因	处理方法
转速一定，电流摆动，发动机全速运转而照明闪烁	（1）配线不良； （2）三角带张力调整不良	（1）松开端子，检修断线； （2）调整张力
提高发动机转速，电流表不摆动	（1）电流表不良； （2）配线不良； （3）交流发电机不良	（1）更换电流表； （2）检查修理； （3）更换
接通启动开关，启动电动机不转	（1）配线不良； （2）启动开关不良； （3）蓄电池充电不足	（1）检查修理； （2）更换开关； （3）充电
启动电动机转速低	（1）配线不良； （2）蓄电池充电不足	（1）检查修理； （2）充电
发动机启动时，启动电动机声音异常	（1）配线不良； （2）蓄电池充电不足	（1）检查修理； （2）充电
发动机停止转动，油压指针不返回	油压计故障	更换油压计
油压表摆动大，指针在左侧红色范围	（1）油底壳油量不足（吸空气）； （2）油管、管接头漏油； （3）油压表故障	（1）补充到规定的油量； （2）检查修理； （3）更换油压表
油压表指针在右侧红色范围	（1）油的黏度高； （2）油压表故障	（1）换成规定的油； （2）更换油压表
从散热器上部（压力阀）喷出蒸汽	（1）冷却水不足； （2）风扇皮带松； （3）冷却系统中积灰尘； （4）水温计故障	（1）补充冷却水； （2）调整张力； （3）清洗冷却系统； （4）更换水温计

续表

现象	故障原因	处理方法
水温表的指针在左侧红色范围	(1) 水温计故障； (2) 插头部接触不良； (3) 恒温器故障； (4) 冷风与发动机接触过多	(1) 更换水温计； (2) 检查修理； (3) 更换恒温器； (4) 装散热器
水温表的指针在右侧红色范围	(1) 恒温器不良； (2) 恒温器密封不良； (3) 散热器密封松动（高地作业）	(1) 更换恒温器； (2) 更换恒温器密封； (3) 拧紧盖或更换密封环
旋转电动机，发动机不启动	(1) 燃料不足； (2) 燃料系统中混入空气； (3) 燃料喷射泵或喷嘴不良； (4) 启动电动机转速低	(1) 补充燃料； (2) 修理混入空气部分； (3) 更换喷射泵或喷嘴； (4) 检查修理电气部分
排气呈白色 后有点蓝色	(1) 油底壳的油面过高； (2) 燃料不良； (3) 增压器漏油	(1) 调整到规定油量； (2) 换成指定燃料； (3) 检查修理
排气呈黑色	空气滤清器堵塞	清除或更换
发动机游车	燃料管路吸入侧漏气	修理漏气的部分
发动机有敲击声	(1) 使用粗燃料； (2) 过热； (3) 消音器内部破损	(1) 换成规定燃料； (2) 更换恒温器密封； (3) 换消音器
液力变矩器过热	(1) 风扇皮带松动； (2) 发动机水温高； (3) 油冷却器堵塞	(1) 更换皮带； (2) 参照发动机部分； (3) 清扫或更换
变速杆挂挡后不起步	(1) 液力变矩器和变速箱油； (2) 油管、管头未拧紧因破损混入空气或漏油； (3) 齿轮泵磨损或卡住； (4) 变速箱油量不足； (5) 变速箱里的油滤清器芯堵塞	(1) 检查修理； (2) 检查更换； (3) 检修处理； (4) 补充到规定油量； (5) 清洗
拉单侧转向杆不转弯	(1) 系统漏气； (2) 被拉一方的制动器失灵	(1) 检查修理； (2) 调整
转向操纵杆不灵活（重）	(1) 游隙调整不良； (2) 操纵阀的移动不良； (3) 油量不足	(1) 调整； (2) 修理； (3) 补充到规定油量
踏下制动器踏板，不停车	制动器失灵	调整
履带脱落	履带过松	调整张力
链轮异常磨损	履带过松或过紧	调整张力
推煤铲上升慢或不上升	(1) 工作油不足； (2) 工作油泵供油不良	(1) 补充到规定油量； (2) 检查修理或更换

第四章　带式输送机

第一节　概　　述

在火力发电厂燃料运输系统中，从受卸装置或贮煤场地向锅炉原煤仓供煤用的输送设备，主要采用带式输送机，它是当代工业中最为得力的输送设备之一。正在向大运量、远距离、大倾角和广泛的适应性能方向发展。因此，在国内外有愈来愈多的人从事于带式输送机各个方面的研究，这是适应生产发展的必然现象。

在目前建设的大中型火力发电厂中，带式输送机现已不仅用于厂内短距离运输，也用于厂外远距离输送。例如，电厂中贮煤场向锅炉煤仓供煤，所使用的输煤设备主要是带式输送机。带式输送机输送散状物料，生产率高，运行平稳可靠，输送连续均匀，操作维修方便，易于实现自动控制和远方操作。按驱动方式区分，带式输送机有电驱动和气力驱动两种形式按胶带输送形式，可分为槽形胶带和管状胶带。

带式输送机有优良的性能，在连续装载的条件下它能连续运输，所以生产率比较高。同其他型式的输送机相比，具有槽形输送带的带式输送机重量要轻得多，相应的价格也最低。带式输送机的单机长度最大，目前国内最长的单路输送机长达 9km。由于可以用很高的速度运煤，因此当宽度与其他输送机相同时，带式输送机的运输能力要大得多。又因为运转部分的重量较轻以及输送带对托辊的摩擦系数小，所以带式输送机驱动装置所需要的功率最小，因而电能消耗量也最少。考虑到上述优点以及运行可靠，维修简单等好处，可以说带式输送机是电厂输煤用的最合适的运输机械。

带式输送机可用于水平和倾斜运输；可采用室内布置（通过栈桥布置）和露天布置（带防雨罩）。在倾斜运输时，不同物料允许的最大倾角不同。一般的带式输送机用于运煤时，提升的角度不大于 20°，在卸大煤块的地方，带式输送机的倾角不得大于 12°～15°。若倾角超过此值，则由于物料与输送带间的摩擦力不够，物料在输送带上将产生滑动，因而影响运输生产率。

第二节　带式输送机主要部件及结构

目前国内带式输送机生产选型的标准包括 TD75 型和 TDⅡ型，华能秦煤瑞金发电有限责任公司采用衡阳运输机械有限公司生产的 TDⅡ型带式输送机，它是以棉帆布、尼龙，聚酯帆布及钢绳芯输送带作拽引构件的连续输送设备。

带式输送机主要部件及结构如图 4-1 所示。

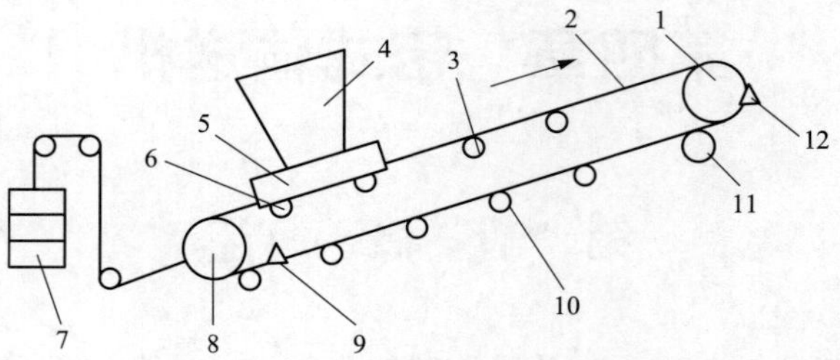

图 4-1　带式输送机结构

1—传动滚筒；2—输送带；3—上托辊；4—落煤管；5—导料槽；6—缓冲托辊；7—拉紧装置；8—改向滚筒；9—清扫器；10—下托辊；11—增面滚筒；12—刮煤器

普通的带式输送带机主要由输送带、托辊、机架、驱动装置、联轴器、拉紧装置、驱动滚筒组、制动装置和清扫装置等组成。为了更好地了解带式输送机的构造及原理，本节将分别对主要部件作介绍。

一、输送带

在带式输送机中，输送带既是牵引构件，传递动力和运动，又是承载物件，支承物料载荷。带式输送机中最主要的也是最贵的部件。

通用型带式输送机在电厂常用的输送带按带芯织物分有：棉帆布芯、尼龙布芯、维尼纶布芯、涤纶布芯及钢丝绳芯等。华能秦煤瑞金发电有限责任公司选用织物芯阻燃输送带 EP300、EP400。

织物胶带用挂胶的帆布叠成若干层衬垫做骨架，外用橡胶覆盖形成一定厚度的覆面层。上覆面较厚，是物料特性的不同，一般在 3～6mm，是输送带的承载面，直接与物料接触并承受物料的冲击和磨损。下覆面层与支撑托辊接触，主要承受压力，为了减小输送带沿托辊运行时的压陷滚动阻力，下覆面较薄，一般在 1.5～2mm。侧边橡胶覆面的作用是，当输送带跑偏与机架接触时，保护输送带不受机械损伤如图 5-2 所示。

输送带的衬垫芯层承受拉伸载荷和冲击载荷。带的强度取决于衬垫芯的层数和带的宽度。若输送机的输送量大，阻力大，此时胶带所受的张力也大，则需要采用衬垫层数较多的胶带。衬垫层使带条有足够的横向刚度，在支撑托辊上容易形成槽型，又不至于过分变平而引起的散料和增加运动阻力。覆面层保护带芯免受机械损伤、防潮和提高摩擦系数。普通型棉帆布芯胶带的带芯拉断强度为 56 000N/(m·层)，多用在较短的带式输送机；强力尼龙帆布芯胶带的带芯拉断强度为 140 000N/(m·层)。当输送机较长且输送量较大而普通型棉帆布芯胶带不能满足要求时使用。

二、托辊和滚筒

1. 托辊

托辊是用来承托胶带的运动而作回转运动的部件。托辊的作用是支撑胶带。减少胶带的运动阻力，使胶带的垂度不超过规定限度保证胶带的稳定运行。一台输送机托辊数量很多，托辊的质量影响胶带的使用寿命和运动阻力。对托辊的基本要求是经久耐用，转动阻力小。托辊表面光滑，径向跳动小，密封性能可靠的防尘，轴承润滑效果好，自重轻，尺寸紧凑等。托辊按其作用分为槽形托辊、平行托辊、缓冲托辊和自动调心托辊 4 种。

(1) 槽形托辊。槽形托辊主要作用是上层运输胶带的托辊，其结构如图 4-2 所示。

槽形托辊一般由三个短托辊组成，中间的短托辊轴线与两边的短托辊轴线均形成一个夹角，称为托辊的槽角。TDII 型带式输送机托辊槽角为 35°，较大槽角能使输送机运行平稳，物料很少散落，提高运输量和节约胶带。托辊一般用无缝钢管制成，用向心球轴承支撑。度密封结构形式很多，大量采用塑料密封环密封，防尘效果好，阻力小，装拆方便。

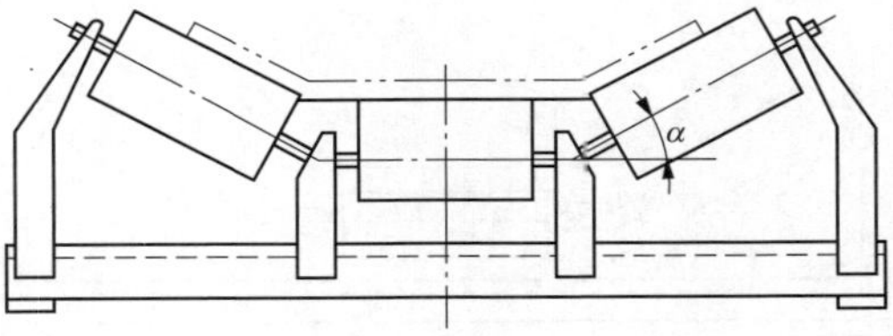

图 4-2 槽形托辊

α—托辊槽角

(2) 平行托辊。平行托辊一般为长托辊，主要用作下层运输胶带的托辊，支撑空载段胶带。

(3) 缓冲托辊。缓冲托辊的作用是用来落料处减少对胶带的冲击，以保护胶带。缓冲托辊分为橡胶圈式缓冲托辊、弹簧板式胶圈缓冲托辊和弹簧板式缓冲托辊，分别如图 4-3～图 4-5 所示。

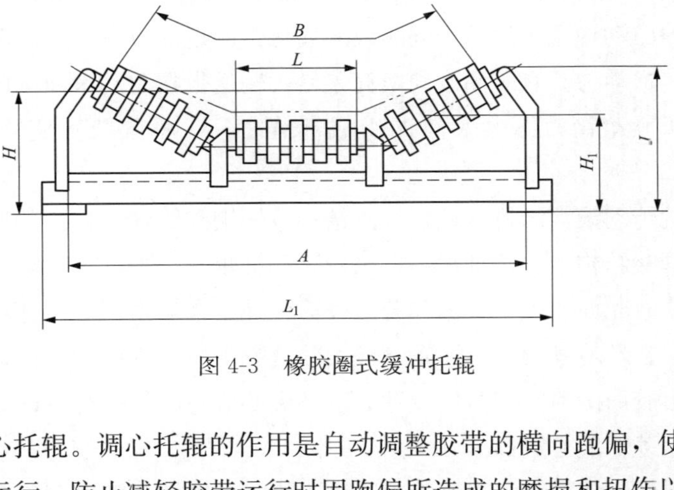

图 4-3 橡胶圈式缓冲托辊

(4) 自动调心托辊。调心托辊的作用是自动调整胶带的横向跑偏，使胶带沿输送机的纵向中心线正常运行，防止减轻胶带运行时因跑偏所造成的磨损和扭伤以及运送的物料散落等。

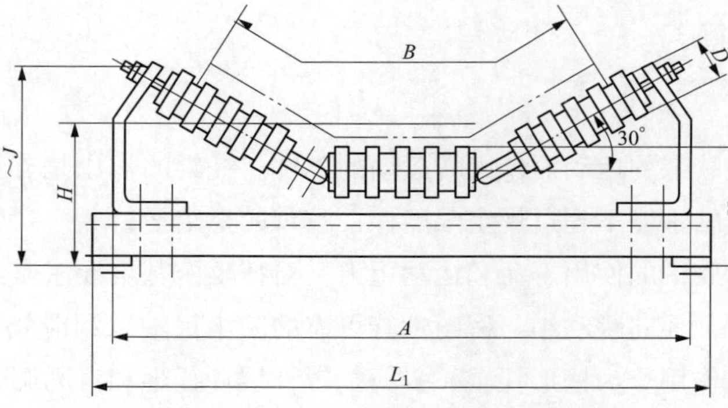

图 4-4　弹簧板式胶圈缓冲托辊

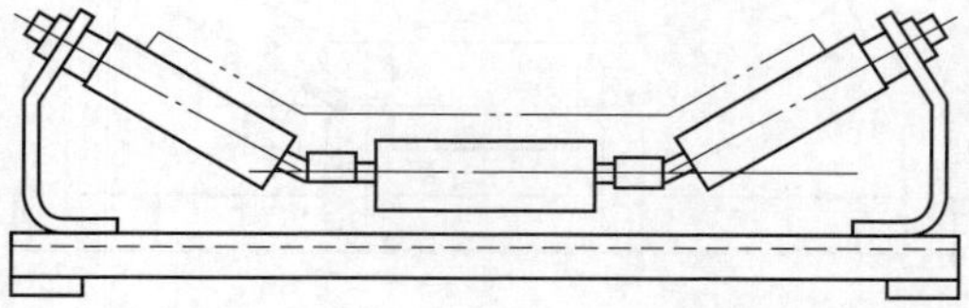

图 4-5　弹簧板式缓冲托辊

应当在有载分支和无载分支都布置一定数量的自动调心托辊。据此可分为槽型自动调心托辊和平行自动调心托辊两类。

槽型调心托辊又包括：挡辊式槽型调心托辊、可逆自动调心托辊、平行自动调心托辊、有前倾式V形回程托辊。

根据国外的经验，为了使输送带可靠的保持在运输运送机中心位置，下托辊也可制成槽型的（有两节棍子组成）。这时输送带由于横向弯曲而获得良好的稳定性。如果装在输送带趋入滚筒处并且输送机很长，则槽型下托辊特别有效。此外，这种托辊还未从输送带上把煤清扫掉创造了良好的条件．尤其是在输送带的中部。这是由于输送带回空分支的纵向弯曲方向正好与工作分支相反，破坏了所黏附的煤层。

2. 滚筒

滚筒有驱动滚筒（传动滚筒）、改向滚筒和张紧滚筒等。传动滚筒的作用是通过筒面和带面之间的摩擦驱动输送带运动，同时改变输送带的运动方向。改向滚筒只改变输送带的运动方向而不传递动力。有时用改向滚筒来增大输送带在驱动滚筒上的包角，包角可达到200°～240°。张紧滚筒是张紧装置的组成部分之一，张紧装置使输送带保持必要的张力。

带式输送机的传动滚筒结构有钢板焊接结构、铸钢和铸铁结构。新型带式输送机的传动滚筒均为钢板焊接结构，滚筒轴承一般采用滚动轴承。

滚筒表面型式有光面、人字胶面和菱形胶面三种。在功率不大、环境湿度小的情况下可采用光面滚筒；在环境潮湿、传递功率较大的情况下应采用胶面滚筒，在单向运行的输送机中应用人字形胶面滚筒，同时应注意人字形尖端应与胶带运行方向相同，对于可逆运行的输送机宜采用菱形胶面滚筒。

瑞金电厂输煤系统滚筒筒体采用铸焊结构，轮毂与轮轴之间采用胀套联接。毂与缘之间的焊接采用完全穿透的连续焊。直径大于200mm的轴在加工前均进行超声波检查。铸焊结构的滚筒，其铸焊接盘材料是 ZG45，筒体焊接方法为 CO_2 气体保护焊。筒体焊接后，对其焊缝进行超声波和 X 光探伤检查，以确保焊接质量，并进行退火处理，以消除内应力。不会有夹层、折叠、裂纹、结疤等缺陷。滚筒装配后，进行静平衡试验，其精度等级为 G40。

三、头部伸缩保护装置

1. 主要结构

三工位头部伸缩装置（位于 2A/2B 皮带头部）主要由头部漏斗、头部护罩、P 型合金橡胶清扫器、改向滚筒、固定托辊组、车体、行走轮组、驱动装置、驱动装置架、轴承座支架、固定机架、移动托辊组导料槽（前、中段）及行程控制装置等构成。

2. 交叉方式

胶带输送机头部伸缩装置（简称伸缩头）主要用于翻车机或卸煤装置、地下转运站以及煤场转运站，作为胶带机之间交叉换位输煤之用。根据工艺流程的需要，其主要体现在下面两个部位：

（1）储煤场胶带机与卸煤系统的交叉。

（2）煤场胶带机与一期煤仓间胶带机交叉（2A/B 皮带与 3A/B 皮带的互相切换）。

3. 工作原理

电动机通过带制动轮的弹性柱销联轴器与减速机连接，再通过十字滑块联轴器联接驱动轴，驱动轴上两端各有一个齿轮固定在驱动轴上，两个齿轮同时与本体下方固定的齿条相啮合，从而电动机转动，带动齿轮旋转，齿轮转动驱动齿条带动车体移动，使行走轮组转动行走，实现伸缩移动。三工位伸缩头相接来自煤场的原煤，通过伸缩头在其下方 A、B 两个胶带机位置的伸缩移动将物料给到 A 或 B 胶带机上。

三工位伸缩头除可完成上述二工位伸缩头供料功能之外，还可完成将转运站（伸缩头上方）来的原煤，通过胶带机头部护罩受料点，头部漏斗供给 A 或 B 胶带机上，还可完成将转运站多余的原煤通过伸缩头导料槽上方的两个受料口将物料吐给胶带机返回煤场。

4. 头部伸缩装置运行中的注意事项

（1）运行中要经常注意各轴承不得有过热、振动、破裂和噪声现象。减速机有无异声，减速机不得有漏油现象。

（2）电动机应无异声、无焦味。

（3）各滚筒、托辊应转动灵活，无串轴、脱轨、卡涩、振动现象。

（4）在运行中需要切换时，只允许在无负荷、无黏煤的情况下倒换，否则必须清理完毕后方可倒换。

（5）在切换过程中，应注意行走轮和齿条的运行情况，发现异常，立即停机，注意落煤管是否对准。

四、装卸料装置

带式输送机每段之间和要利用头部滚筒卸料至下一段尾部的装置，这些装置主要是由罩壳、落煤管和导料槽组成。

1. 装卸料装置的布置

带式输机装卸料装置的合理与否在很大程度上决定了胶带的使用寿命和输送机运转的可靠性，为了减轻胶带的磨损和减少输送机运转时的故障，落煤管装置的结构应保证煤落到输送机带上的速度大小、方向与输送带一致，并可在落煤管内装设导料板，以有利于煤均匀的导入，对准输送带中心，从而防止引起胶带跑偏，在装料点不允许有物料堆积和洒落现象，尽量减少装料处物料的落差，特别要防止大块煤从很高处直接落到输送带上，由于煤块的冲击而引起胶带的损坏。为了减少装料点的冲击，防止带条表面被划破甚至击穿，在装料点处应采用缓冲托辊或缓冲悬挂托辊，装卸料点的位置应使物料落在两组托辊之间，而不是落在某组托辊上，装料点的托辊间距应在 0.4～0.6m 范围内。

2. 落煤管形状的要求

落煤管的外形尺寸、角度应有利于正常煤，湿煤、较黏煤、洗中煤等各种煤的通过，一般落煤管的倾斜角度不小于 55°～60°，若为湿煤还需加大，另外落煤管应具有足够大的通流面积，以保证物料在管中畅通，为了避免由于混在物料中的长条形杂物，如角钢、木块等卡在落煤管下部与导料槽之间，以致胶带纵向划破，最好将与导料槽联结的落煤管下部予以向前扩大，以减少卡住的可能性，同时为了防止磨损落煤管内工作面，落煤管可用厚钢板制成或衬上铸铁板、橡胶等耐磨材料。

3. 三通落煤管

为了使输送机运来的煤能任意下落到 2 台带式输送机或其他设备上，使用三通落煤管。其给煤方向由挡板换向机构来控制。换向机构要轻便可靠，其结构特点是由焊接在轴上的两块钢板做成的挡板，以及支持轴的滚珠轴承组成，这就减少了切换挡板的阻力。挡板的切换可以采用手动也可以采用气动或电动执行机构驱动，现大多采用液压推杆。

4. 导料槽

导料槽装在受料输送带上，固定在输送机架上，为使落煤管中落下的煤不致撒落，且能迅速的在输送带中心上堆积成稳定的形状。

导料槽的形状：要有足够的高度和断面，其尺寸一般为：导料侧板的长度 $L=(1.25\sim2)B$，导料侧板的高度 $H=(0.3\sim0.5)B$。在结构上为了便于组装和拆卸，通常做成一米左右一段，分前段、后段和通过段三段。

五、拉紧装置

输送机拉紧装置的作用是：保证胶带具有足够的张力。使滚筒与胶带之间产生所需变的摩擦力。并限制胶带在各支承托辊间的垂度，使带式输送机能正常运行。

拉紧装置的作用是保证胶带具有足够的张力，使滚筒与胶带之间产生所需要的摩擦力，并限制胶带在各支承托辊间的垂度，使带式输送机能正常运行。

常用的拉紧装置有重锤拉紧装置、车式拉紧和液压拉紧装置。我厂输煤系统带式输送机除 0 号 AB 带式输送机采用螺旋拉紧、2 号 AB 带式输送机采用车式拉紧装置外。其余带式输送机均采用垂直拉紧装置。液压拉紧装置包括：液压泵站、拉紧油缸、蓄能站、隔爆控制箱、张紧小车、改向滑轮、钢丝绳、连接管路、电缆及所有相关部件等。重锤拉紧装置包括：拉紧装置、支架、配重块、检修平台及爬梯等所有部件。钢丝绳为柔性钢丝绳或起吊用绳，绳的端部采用可靠的钢夹固定，弯折处有圆滑过渡。拉紧装置支架采用钢管，有足够的刚度，不产生永久变形；改向滚筒中心与支架中心一致，有防止煤块落入改向滚筒的措施及检修平台。拉紧行程按带式输送机长度的 2% 考虑，同时考虑了带式输送机启动时张紧处的前冲行程。拉紧重锤为箱型，配重采用铸铁件（铸铁件质量为 15kg/块）。

重锤拉紧装置能经常保持输送带的均匀张力，因为浮动的重块可以根据运行情况自动调整。重锤拉紧装置分为车式拉紧装置和垂直拉紧装置。车式拉紧装置中，张紧滚筒（即尾部滚筒）安装在小车上，重锤通过钢丝绳和导向滑轮，拽拉下车沿输送机纵向移动。垂直拉紧装置由两个改向滚筒和一个张紧滚筒组成，可以安装在输送机回程空胶带的任何位置，张紧滚筒及活动框架可以一起沿垂直导轨移动。这种拉紧装置具有较大的拉紧行程，一般用在较长的带式输送机上。

液压拉紧装置考虑了胶带在起动和正常运转时对拉紧力的需要不同，经合理的胶带张力模型分析研究而设计。有以下特点：① 启动拉紧力和正常运行拉紧力可根据胶带输送机张力的需要任意调节。完全可以实现起动拉紧力为正常运行时 1.4～1.5 倍的要求。一旦调定后，拉紧站即按预定程序自动工作，保证胶带在理想状态下运行。因此，配置液压拉紧装置的带式输送机可以减小胶带厚度。② 响应快。胶带输送机起动时，胶带松边突然松弛伸长，液压拉紧装置能立刻收缩油缸，以及时补偿胶带的伸长，使紧边冲击减小，从而使起动平稳可靠。避免断带事故的发生。③ 具有断带时自动停止带式输送机和打滑时自动增加拉紧力等保护功能。④ 结构紧凑，安装空间小。⑤ 可与集控装置连接，实现对液压拉紧装置的远距离控制。有近控手动、近控自动、远控自动 3 种控制方式。

六、驱动装置

驱动装置是带式输送机的动力来源，电动机通过联轴器、减速器带动滚筒转动。借助滚筒与胶带之间的摩擦力使胶带运转。

带式输送机驱动装置通常由电动机、高速级联轴器、减速机、低速级联轴器、驱动滚筒、逆止器和制动器等组成。驱动装置如图 4-6 所示。

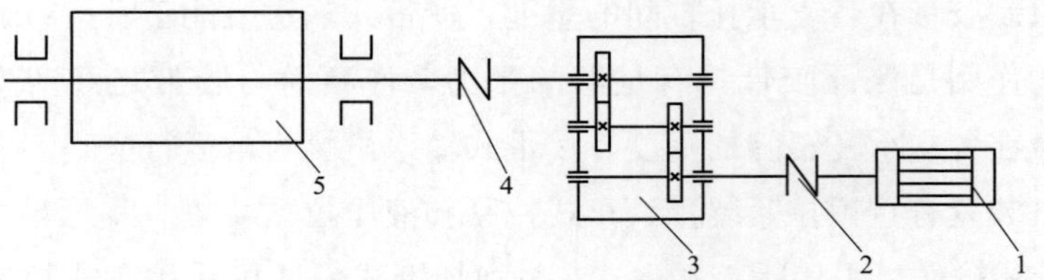

图 4-6 驱动装置

1—电动机；2—柱销联轴器或液力偶合器；3—减速机；4—十字滑块联轴器；5—传动滚筒

1. 电动机

输煤系统带式输送机的运行环境较差，一般采用 Y 系列全封闭笼形三相异步电动机。这类电动机的效率、功率因数、启动力矩、启动电流等电动机质量指标，均优于 JO 型和 JS 型电动机，适用于输煤系统的环境条件，因而被广泛应用。长距离输送的带式输送机也可选用绕线式交流异步电动机。瑞金电厂输煤系统高压电动机采用湘潭电动机厂制造的 YXKK 系列电动机，低压电动机采用湘潭电动机厂制造的 YE3 系列三相异步电动机。

2. 联轴器

电动机与减速器、减速器与传动滚筒之间的相互连接，是靠轴联轴器来实现的。

电动机与减速器的连接常采用尼龙柱销联轴器，当传递功率较大时，可选用粉末联轴器。目前，对于长距离、大负荷的带式输送机．为平衡各电动机之间的负荷，缓和冲击，液力联轴器得到了广泛的应用。它具有体积小、质量轻、结构简单、使用可靠等优点。瑞金电厂输煤系统带式输送机，采用柱销齿式联轴器。

3. 减速机

减速机是电动机和传动滚筒之间的变速机构，一般电动机的转速较高（590～2980r/min）。而带式输送机驱动滚筒的转速仅 40r/min，需要通过减速器降低转速，增大转矩。

带式输送机常用的减速器为圆柱齿轮减速器。此种减速器结构紧凑，效率高，工作可靠，使用寿命长，维护检修量少。常用的有 JZQ 型、ZQ 型、ZL 型、ZS 型等。

另外，还有一种新型减速器，其输入轴与输出轴呈垂直方向布置，它们有 DCY 型、DBY 型、SS 型等产品。减速机采用渗碳淬火磨齿加工的硬齿面齿轮，承载能力比软齿面齿轮提高 4～6 倍，因而在相同的承载能力时，硬齿面齿轮比软齿面 ZQ 齿轮重量降低 50％～60％，平均使用寿命增加一倍。又由于输出输入轴呈垂直布置，比平行驱动占地面积减少 50％以上。

七、制动装置

如果带式运输机有倾斜段，当倾斜角超过一定数值时（一般为 4％），若电动机断电，带负荷倾斜输送的带式运输机，则有可能会发生输送带逆向转动，即自行反向运行，使煤堆积外撒，甚至会引起输送带断裂或机械损坏。因此，一般都要设置制动装置。目前应用最多的制动装置是油带式逆止器、滚柱逆止器、电动液压推杆制动器等。

1. 带式逆止器

在输送量不大的电厂，使用一种最简单的制动器——带式逆止器。它其实就是一端固定在带式输送机金属架上的一段输送带。这段输送带的另一端无约束的置于传动滚筒附近的输送带回空分支上。逆止带一端固定在机架上，另一端为自由端，与无载分支接触。在正常运行中，输送带无载分支通过摩擦力将逆止带蜷曲在限制器的内部，止退器使逆止带不致反向蜷曲。停车时，若输送带逆行，无载分支胶带通过与逆止带自由端的摩擦力将逆止带带入驱动滚筒，逆止带拉直，由于逆止带另一端被固定，于是滚筒和输送带不能继续反向运动，即被逆止制动。

2. 滚柱逆止器

在燃料运输系统中，相当普遍地用构造简单、动作可靠的滚柱逆止器作为制动器。

滚柱逆止器结构紧凑，倒转距离小，制动力矩大。它装在减速器低速轴的另一端，一般与带式逆止器配合使用。滚柱逆止器的构造和工作原理如下：在电动机和减速器之间的联轴器旁边，牢固地安装一个用 8～10mm 厚的钢板焊成的特殊支架。这个支架有两块侧板，其间装了一块凹型板，在架子上还装有一个能绕自身的轴转动的滚子。为了增加摩擦，滚子表面涂了一层橡胶，其外径等于 30～50mm。滚子长度与联轴器轮缘宽度一样。支架要安装得使凹形面和联轴器外缘之间有一个大小可变的间隙，输送带正方向运转时，处在这个间隙中间的滚子能自由地转动，不妨碍输送机运行；斜升输送机停车以后，若输送带反向运动，则滚子立刻被挤入支架和联轴器外缘之间的锥形间隙，可靠地使输送带制动。许多电厂都自己制造了这种逆止器，并长期在带式输送机上使用着。

简单地说，滚柱逆止器的星轮为主动轮并与减速器轴连接，当其顺时针回转时，滚柱在摩擦力的作用下使弹簧压缩而随星轮转动，此为正常工作状态。当胶带倒转即星轮逆时针回转时，滚柱在弹簧压力和摩擦力作用下滚向空隙的收缩部分，楔紧在星轮和外套之间，这样就产生了逆止作用。

第三节 带式输送机的保护装置

带式输送机上一般设有打滑、速检、防撕裂、二级跑偏、料流检测等保护。

一、打滑检测装置

(1) 打滑检测装置的作用（见图 4-7）。用于检测带式输送机在启动或运行过程中出现的输送带于传动滚筒之间的打滑，防止因打滑造成的事故。

(2) 打滑检测装置的结构。它有传感头和控制箱两部风组成，其中传感头由红外光电开关、遮光板、触轮、主控及其他传动机构组成。

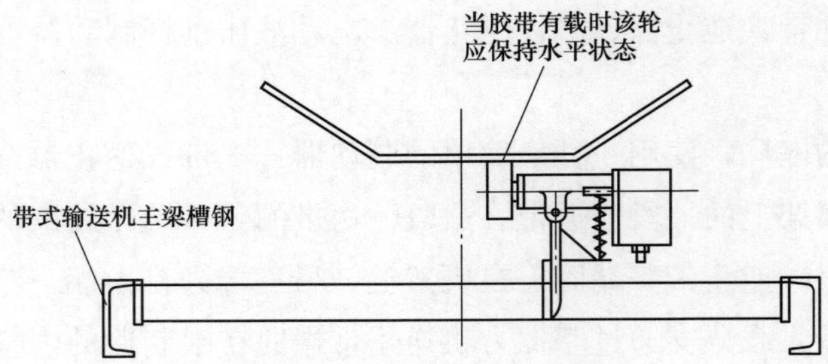

图 4-7 打滑速检装置

（3）工作原理。该装置的传感头安装在带式输送机的输送带上分支和下分支之间，其触轮与输送带上分支非工作面压紧接触，通过输送带与触轮的摩擦力带动触轮旋转，同时使触轮带动其腔内的遮光板同步旋转，遮光板上开有一定数量的槽，遮光板每转过一个槽，就发出一个脉冲信号，此脉冲信号通过电缆发送到控制箱，经过数据处理后，与原设定的编码数据进行比较，如带式输送机运行速度正常，那么两数据相吻合，发出运转正常信号。当脉冲信号大于或小于设定的编码时，则分别发出带式输送机超速或打滑的报警信号。

二、纵向撕裂保护装置

（1）纵向撕裂保护装置的作用（见图 4-8）。用于带式输送机在运行过程中，由于异物（金属或其他坚硬物体）混杂在运输物料中而使输送带被刺穿，造成输送带纵向撕裂事故时的报警和紧急停车。

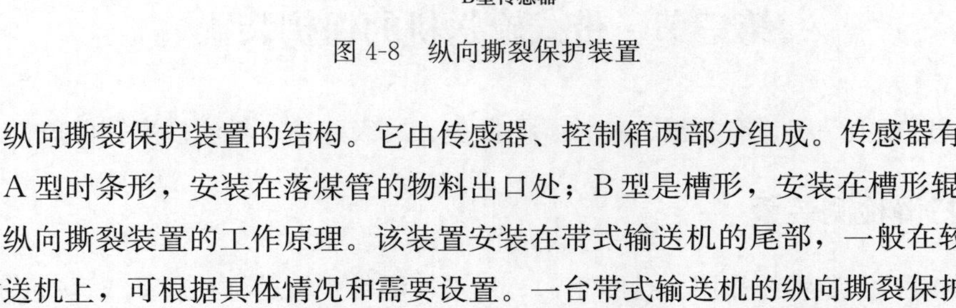

图 4-8 纵向撕裂保护装置

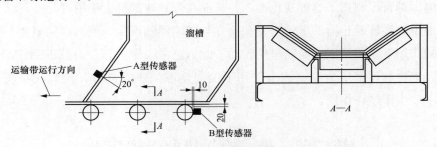

（2）纵向撕裂保护装置的结构。它由传感器、控制箱两部分组成。传感器有 B 型和 A 型两种，A 型时条形，安装在落煤管的物料出口处；B 型是槽形，安装在槽形辊处。

（3）纵向撕裂装置的工作原理。该装置安装在带式输送机的尾部，一般在较长的或关键带式输送机上，可根据具体情况和需要设置。一台带式输送机的纵向撕裂保护装置由一个 A 型传感器和 4～6 个 B 型传感器并联后接到控制箱上。传感器由密封在橡胶壳内的，彼此隔开的两条弹性导电触片组成。当传感器受压时，两片触片导通，并将此信号发送到控制箱，控制箱立即处理此信号，消除干扰信号，如小于 1s 的瞬时碰撞信号，将可能造成输送带纵向撕裂的故障信号发送到运输系统的控制中心，使输送机立即事故停机，以实现自动保护的效果。事故处理完毕后，事故箱可人工复位。

三、落煤管堵塞保护装置

(1) 落煤管堵塞保护装置的作用（见图 4-9）。用于检测带式输送机系统中的转运落煤管内的堵料情况，当落煤管内形成堵塞时，该装置立即发出报警、停机信号至输煤系统的控制中心，立即事故停机。

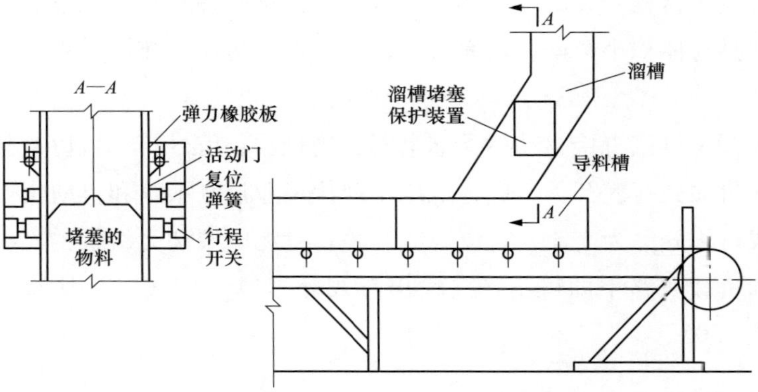

图 4-9 落煤管防堵塞装置

(2) 落煤管堵塞保护装置的结构。该装置采用门式结构，有活动门、行程开关或舌簧（接近式）开关组成。一般安装在落煤管侧壁，底部向上 2/3 的高度位置上，可安装两组，一组安装落煤管底部向上 1/3 处，作为轻度堵塞检测，另一组安装在落煤管底部向上 2/3 处作为重度堵塞检测。安装时在落煤管侧壁上开一个 260mm×260mm 的方孔，然后在方孔上方约 100～200mm 处内壁焊接一块 300mm 的挡板，以防大块物料落下，直接击打活动门而发生误动作。在落煤管外侧用随机所配弹力橡胶板，将开孔完全覆盖封闭。再用随机配套的弯角件，按照安装要求焊接在落煤管侧壁上，用螺栓紧固箱体即可。

(3) 落煤管堵塞保护装置的工作原理。当物料在落煤管内形成堵塞时，堆积的物料对落煤管的侧壁产生压力，从而使该装置的活动门向外推移，当活动门偏转角度等于或大于受控角度时，其控制开关动作，从而发出报警或停机信号。当落煤管故障排除后，活动门自动复位，恢复原状。一般将此信号接至振打器控制线路上，可实现轻度堵塞时不停机自动消除堵塞状态。

四、行程开关

(1) 行程开关的作用。在带式输送机配套的移动设备上（例如；叶轮给煤机），起到终点保护或行程定位的作用。

(2) 行程开关的结构：由摇臂、常开触点、常闭触点、金属外壳等组成。

(3) 行程开关的分类：机械式和电子感应式。

(4) 机械式行程开关的工作原理。当移动设备工作时运行到极限位置，此时安装在移动设备上的碰尺碰撞行程开关的摇臂，当摇臂旋转过一定角度时触点断开，发出报警信号或驱动继电器或保护器（行程开关又称限位开关，可以安装在相对静止的物体如固定架、门框等，简称静物上或者运动的物体如行车、门等，简称动物上。当动物接近静物时，开关的连杆驱动开关的触点引起闭合的触点分断或者断开的触点闭合。由开关触点开、合状态的改变去控制电路和机构的动作）。

(5) 电子感应式行程开关。电子感应式行程开关是一种新型、无接触的金属感应型电子开关器件，它具有体积小、安装、无火化、无噪声、防振、防潮动作相应快、使用寿命长等特点。

电子感应式开关可以直接驱动各类继电器、接触器、信号灯，可以直接与各类计算机接口相连，取代机械式行程开关，广泛地用于现代工业控制系统和自动化控制系统。

电子感应式行程开关为交流、直流二线开关，是无电源和无级性的二线开关，只需将其串接在电源和负载回路中即可工作。输出形式分二线动合或二线动断。操作电压可用 10～30V 或交流 220V。

五、料流检测装置

(1) 料流检测装置的结构。料流检测装置由摆动杆、触板、检测器、限位管、门架组成，如图 4-10 所示。

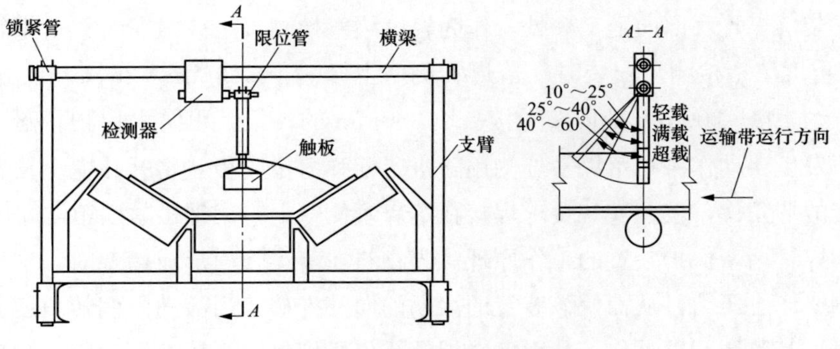

图 4-10　料流检测装置保护

(2) 料流检测装置的作用。检测带式输送机输送物料时，料流的顺时状态。一般该装置安装在靠近带式输送机的头部，可以发出开关信号，使运输系统的控制中心知道运输物料到达哪一条带式输送机。在事故停机时，出事故的带式输送机前方所有联锁设备都同时停机。其后方的带式输送机继续运行，待物料运输完毕后依次停机。带式输送机上的物料是否已运输完毕，则依靠料流检测装置检测，测得无物料时，该装置发出信号，使控制中心发出该带式输送机的停机命令。

（3）工作原理。该检测装置为门形结构，摆动杆端有触板。当带式输送机上的物料随着输送带向前运行时，便推动检测装置上的触板向前摆动。当触板摆动至10°～25°时，输出轻载信号；25°～40°时，输出满载信号；40°～60°时，输出超载信号。这些信号还可以通过控制系统与洒水装置的电磁阀联锁，实现有料时自动洒水。

六、双向拉绳开关

（1）双向拉绳开关的结构。拉绳、杠杆、凸轮机构、动合/动断触点、金属外壳等组成。

（2）双向拉绳开关的作用。带式输送机紧急、事故停机或出现事故时，工作人员可以在任何位置紧急拉动双向拉绳开关的拉绳，使带式输送机立即紧急事故停机。

（3）双向拉绳开关的工作原理。拉绳开关采用移动式凸轮机构，密闭在金属壳内，当拉动拉绳开关的任何一侧或同时拉动两侧拉绳时，凸轮移动，使开关动作转换，发出停机信号和报警信号。

双向拉绳开关有两种形式：即自动复位型和人工手动复位型（从安全考虑采用人工手动复位较好）。即当故障排除后，工作人员确认可恢复正常运行时，向上拉出复位杆，这时运输系统可恢复正常工作。

七、声光报警

（1）声光报警装置的结构。有声音报警和闪光报警两部分组成，如图4-11所示。

（2）声光报警装置的工作原理。声光报警由报警信号源通过电子混合电路送入功率放大器，经过放大后的信号推动喇叭发出声音报警。闪光报警采用红色玻璃灯罩，360°全方位闪光。

（3）声光报警装置的作用。用于带式输送机联锁系统的开机信号。作业前发出声光信号，通知沿线人员离开设备，然后再启动设备。

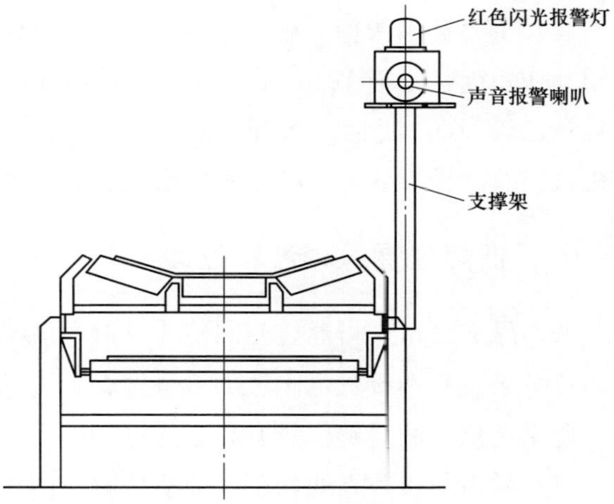

图4-11　声光报警装置

八、高煤位射频导纳控制器

（1）用途。在输煤系统中用于测量溜槽堵煤和原煤仓高料位。

（2）原理。电路单元为中心杆和绝缘层输送等电位、同相位、同频率（高频）、互相隔离的电平，地层与待测容器连接，在电路单元中，中心杆和待测容器构成一个回路，当有物料接触到中心杆，则回路测通，电路单元检测到该回路导纳变化（导纳即阻抗倒数。射频导纳技术就是用高频电流测量导纳的技术），引发触点闭合，输出点位到位报警信号。

（3）结构。射频导纳传感器是点位控制仪表，即是非连续测量仪表，只检测单点并报警。其结构由三部分组成：电路单元、外壳、传感元件。其中传感元件为 5 层同心结构。5 层从头至尾分别是：中心杆、绝缘层、屏蔽层、绝缘层、地层。

九、跑偏检测装置

（1）跑偏检测装置（或）跑偏开关用于检测带式输送机在运行过程中的跑偏，并发出信号或启动保护，其本身不能起到纠偏的作用。两级跑偏开关如图 4-12 所示。

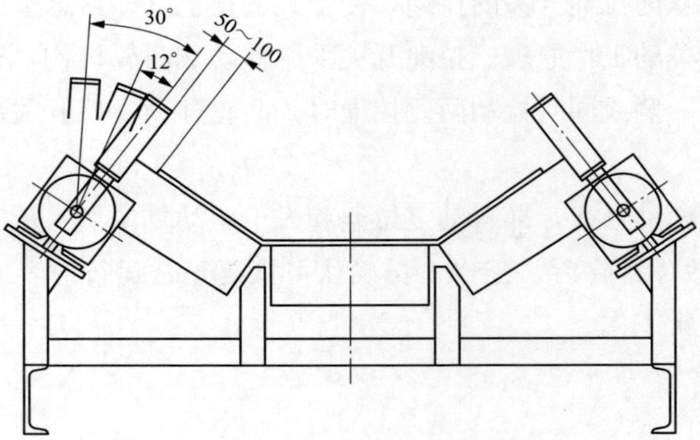

图 4-12　两级跑偏开关

（2）主要技术指标。触点容量：380V(1 ±10%)，3A，触头数量：动合、动断各 2，立辊动作角度：一级 12 °，此时一级开关动作，输出一开、一闭两级开关信号，发出报警信号；二级 30 °，此时二级开关动作，输出一开、一闭两组开关信号，带式输送机应自动停机，当故障排除后，开关立辊能自动复位，恢复原状。

十、低煤位雷达导波料位计

顾名思义，雷达指通过空间传播发射和接收电磁波的测量仪表，导波雷达则是通过波导体传导来发射和接收电磁波的测量仪表。

用雷达仪表测量料位具有以下优点：

（1）发射与接收天线均不与介质接触；

（2）高频电磁波信号易于长距离传送，可测大量程；

（3）测量不受料位上部空间气候条件变化的影响。

十一、行程开关

行程开关一般有电子式和机械式两种，如图 4-13、图 4-14 所示。

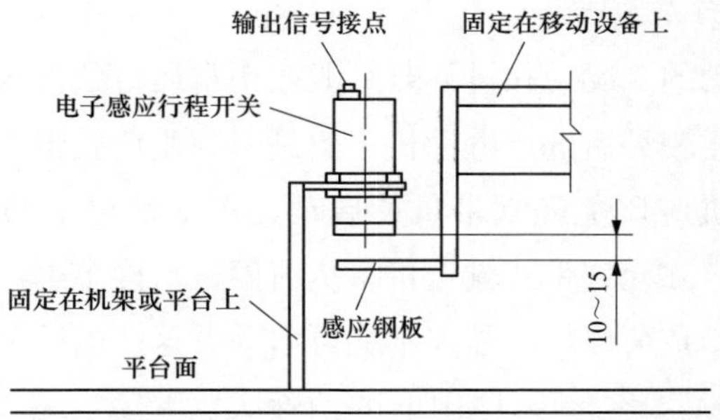

图 4-13　电子感应行程开关

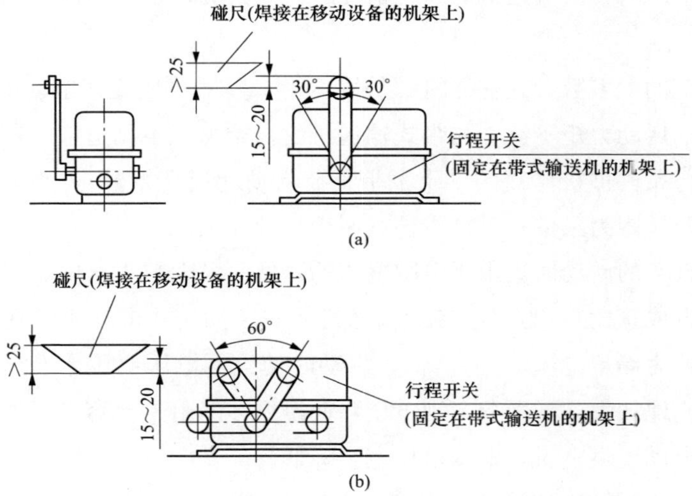

图 4-14　机械式行程开关

(a) 直形尺杆式；(b) 滚子叉形式

第四节　带式输送机的运行与维护

一、带式输送机的运行

1. 带式输送机的启、停

带式输送机运行有正常的启动、运行、停机和事故停机、带负荷启动等情况。

正常情况下，带式输送机应处于空载状态，一旦锅炉需煤时，立即空载启动。当原煤仓满煤需停时，一定要把胶带上的煤全部运完才允许停车。待下次启动时，仍为空载正常启动。

当输煤系统任何部分发生故障时，必须紧急事故停机，以免事故扩大。事故停机时带式输送机上往往是充满了煤团，有可能造成不能启动、电动机过负荷，甚至被烧毁等严重情况。

若要带负荷启动就需要选用较大的电动机，但这显然是不经济的。所以一般情况下不允许带负荷启动。

2. 带式输送机的带负荷启动

电厂根据带负荷启动的工况，在设计时一般按正常运行条件选择而以带负荷启动工况进行校核的，经过分析比较最后选定电动机。但是，为避免胶带和电动机经常过负荷而影响使用寿命，带式输送机应避免经常带负荷启动，正常情况下必须把全部煤卸尽后再停车。只有在事故情况下，才允许带式输送机带负荷停机。许多电厂的带式输送机运行经验表明，如果带式输送机带负荷停机，往往不能再启动。这些电厂的输煤系统被迫不能满负荷运行（不能以计算运输量运行），厂用电的消耗大大超额。带式输送机启动不起来时，只好进行一项笨重的作业——人工从输送带上卸下一部分煤。

综合一系列电厂对带式输送机的运行情况进行考察的结果，不能带负荷重新启动的主要原因如下：

（1）输煤系统的大多数带式输送机都是用A和AO系列的笼式电动机驱动的，这些电动机在带负荷时，启动力矩不够，与带式输送机的初始力矩不相适应。同时，电动机的功率是按照正常运行条件进行计算的（乘了带负荷启动的提高系数），并未按启动工况（即以获得必要的初始转矩为条件）进行校核（属于设计原因）。

（2）电动机轴上的启动力矩由于电网电压的降低而大大减小（电动机轴上的回转力矩与电网电压的平方成正比）。为驱动带式输送机而安装的笼式电动机是在全压下直接合闸启动的，启动电流为额定电流的5～7倍，启动时使电网电压明显地下降。动力电缆很长时，如果并未相应地加大其截面积，则电压降低得更多。由一台容量不够大的变压器向输煤系统的大多数电动机供电时，电网电压也会降低。

（3）带式输送机驱动装置的实际特性与设计规定的性能不符。原定的高启动转矩的AII或AOII系列的电动机被另一系列的电动机所代替，以及偶然使用了转数甚高的小型电动机。这些也常常导致电动机轴上和传动滚筒轴上额定转矩和启动转矩的降低。

（4）一些电厂带式输送机偶然不能带负荷启动是因为各种原因引起的带式输送机过载，落煤管内形成煤柱而引起输送带被楔住（由于落煤管断面不够或外形复杂）。许多带式输送机之所以阻力大、输送带被夹紧，都是由于受煤槽的密封垫过宽过厚造成的，尤其是当受煤槽很长时。

传动滚筒打滑时，经常导致带式输送机过载、落煤管堵塞（传动滚筒为包胶、滚筒上或输送带上进水，或者输送带张力不够大，均会使滚筒打滑）。

还必须指出，大多数电厂对带式输送机的负荷检测都是相当近似的，它们常常按照输煤系统控制盘上电流表的指示，按照给煤机闸板的位置来检查。通常在输煤系统控制盘上都没有远距离的煤量指示器。有的电厂冬季输送带受冻，当传动滚筒打滑时，就会引起输送机过载，因此带式输送机难以带负荷启动。

为了使输煤系统的带式输送机带负荷启动，并提高运行的可靠性，建议采取如下措施：

1）计算驱动装置的功率时，按照正常运行条件选定的电动机（特别是笼型电动机）应该按启动工况进行校核，也就是以获得必要的初始转矩为条件进行校核。为了使电动机能把带式输送机启动到额定的速度，使电动机的初始转矩在整个启动时间内都大于带式输送机的初始阻力是必要的。每台带式输送机所装的电动机和减速器应当符合设计规定的性能。

在已投产的电厂，用高启动转矩的电动机可以确保带式输送机带负荷正常启动。

2）检查启动时刻电动机端子上的电压大小，如果电网电压过低，则可以通过减小电网阻抗，即依靠加大动力电缆的截面、缩短电缆的长度来保证带负荷正常启动。如果输煤系统的若干电动机由一台变压器供电时，则变压器的容量要足够大，使得几台带式输送机同时合闸，电网电压不至于有明显的下降。

3）必须经常和较精确地检查带式输送机的负荷，不允许其超载。除了输煤系统中装设皮带秤以外，还要加装能显示所运输的煤量的远距离纪录仪。必须消除传动滚筒打滑、落煤管堵塞、输送带被夹住的原因。为此，可以采取以下措施：传动滚筒适当衬胶；使输送带保持必要的张紧程度；冬季输送带受冻时能对它进行加热；落煤管的断面和倾斜角尽量大些，外形要尽量简单。如果带式输送机的受煤槽甚长，则又宽又厚的密封垫对输送带造成的阻力也是很大的，有必要尽量加以缩短。

目前，一般计算胶带输送机时，都要根据带式输送机的运输量和几何尺寸初步确定传动滚筒轴上所需要的功率，然后按照稳定运行工况和启动工况进行带式输送机的精确计算。据此，为每台带式输送机的驱动装置选择相当的电动机，同时必须按启动工况加以校核。所选的电动机的启动转矩（考虑启动时电压降低后的转矩）不得小于带式输送机的静启动转矩。对于装在输煤机械上的500V以下的电动机，启动时的电压降不得超过额定电压的20%。

3. 带式输送机的联锁

运煤系统中的各台设备都按照一定的运行要求顺序启动，互相制约，以保证安全运行。带式输送机就是参照这样联锁运行的主要设备。

一般设备启动时，按来煤流程顺序的相反方向逐一启动，而停机时则按来煤流程顺序相同的方向逐一停止。运煤系统中的筛碎设备一般不加入联锁，启动时，总是先启动筛碎设备，然后按顺序启动其他设备，而停机时，筛碎设备最后停止。

当系统中参与联锁运行的设备中某一台设备发生故障而停机时，则该设备以前的各设备按照联锁顺序自动停运，以后的设备仍继续运转。从而避免或减轻了系统中积煤和事故扩大的可能性。

二、带式输送机的维护

为保证带式输送机的使用寿命，宜按下述方法定期检查与保养。

（1）承载点。承载点是输送带易损坏的部位。带速以及对输送带运行有关的物料块度。冲击力和承载运行的方向都是应注意和重要因素。装料斜槽接收端的宽度应该足够大。

（2）在输送带运行方向成夹角点上装载物料只会加剧带表面的磨损，物料对胶带的冲击，偏离中心的加料，会使胶带沿着旋转的托辊向另一边上爬而跑偏，导致胶带边缘损坏，如图 4-15 所示。

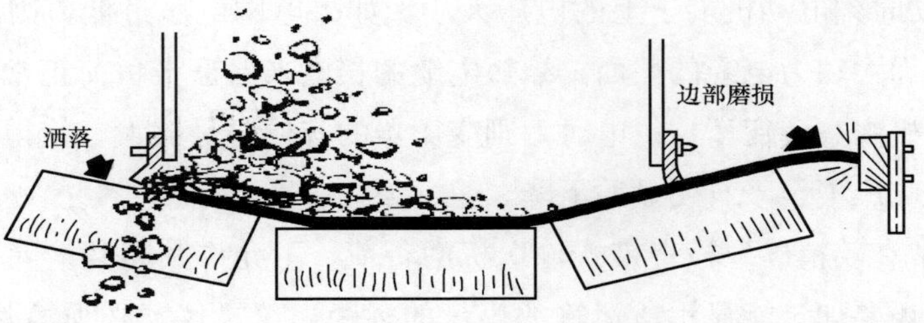

图 4-15　输送带边缘损坏

对于密度大、棱角尖锐的物料，在快速运行的胶带上缓慢移动，也会划破和磨损带面。减少这种磨损的一般方法是，先把粉状物料放入胶带，接着再装入大块物料，这样粉状物料就起着缓冲垫的作用，从而保护胶带。

在进料溜槽处设置一定间距的筛条如图 4-16 所示，细碎物料通过筛条的缝隙先落到胶带上形成一个垫层，大块物料经过筛条降速后，缓慢地落到垫层上，这样就减少了物料对胶带的冲击。

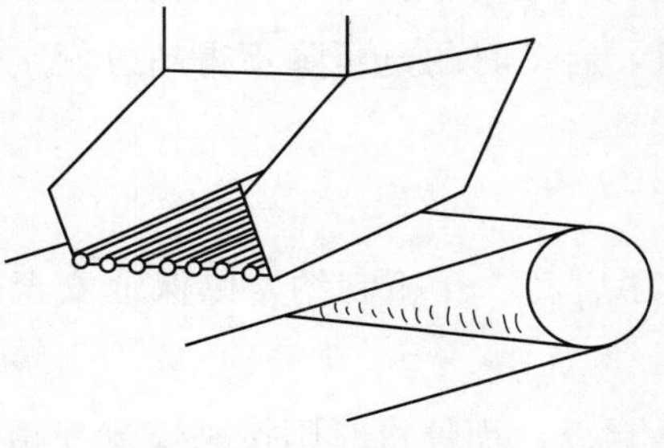

图 4-16　进料溜槽筛条

以上办法对装载点缓冲托辊和机架来说起到了辅助缓冲作用。因此，必须经常对这些装置进行维护，以保持筛条完好整齐。

导料槽亦是胶带表面磨损原因，它越是靠近胶带，磨损就越厉害，无论有无物料，导料槽都不能与胶带接触，在胶带运行方向上，全部导料槽底部边缘与胶带间部应有一定的间隙。能容得下细碎的物料从而使胶带运行阻力比楔牢状态小些。通常在导料槽下部边缘装上橡胶材料做成的档边，这样可限制和减少粉状物料在导料槽下部边缘溢出，当橡胶档边用坏时，应及时更换。

在装载点，装置的固定部分与胶带表面不应出现接触，也不容许物料在溜槽内卡住。

（3）清洁。清洁必须实行特别的保护以及保持所有辊筒和托辊的表面清洁，在此设备物料堆积及油污、油垢对运行和带子本身具有破坏性影响。

保持返回滚筒和缓冲滚筒清洁要求带子进入返回运行时的清洁。输送带清洁装置一般多使用刮板样式，旋转刷式，螺旋滚式及水清样式等。它们是输送机装备附件中最重要的附件之一，这些装置可以避免许多发生在输送机上而不应该发生的事故。清洁装置安装方法适宜，维护管理就会百分之百地发挥出作用。相反，就会损伤输送机，因此应充分注意，经常检查，保持完善。

（4）辊筒。所有辊筒都应该转动灵活。辊筒直径选择不正确，对带子使用寿命有不良影响。如果辊筒上有许多附着物，就会导致输送带跑偏，盖胶异常磨损和带芯局部疲劳甚至破裂，因此应经常检查及时清除。

（5）上、下托辊。应严格遵守托辊的管理及涂黄油的滚定。这样做可以保护输送带，减少施加于输送带的张力。检查托辊时，应清除附着在托辊表面上的异物，特别是注意下托辊，附着物有时会导致输送带跑偏，造成带边损伤。同时损坏了的和不转动的托辊会导致带子的局部磨损及跑偏。因此，损坏了的经修理不转动的托辊，就必须及时更换新托辊。

注油不能过量，一旦过量，漏到输送带上的黄油和润滑油就会使不耐油的橡胶变软膨胀脱层剥落。

上托辊的位置不同及倾斜弯曲部位（曲率半径）位置不当，会使带子产生异常屈挠疲劳，从而使带子背面磨损及纵裂，引起皱纹。托辊隆起时往往会使带子在运行中浮动而洒落运物料，导致带子损伤，所以必须及进校正。如能进行定期检查管理，可以防止事故发生，这样不仅能合理使用输送带，也同时减少托辊的消耗，降低能耗，降低成本。

（6）张紧装置：检查张紧装置能否动作，行程大小，导向架滑动状况是否良好，定期向导向架注油。行程不足，会导致张紧装置完全降落。检查张紧力大小是否合适，张力过大，加快输送带疲劳，从而增加输送带的伸长率，最终导致不得不将输送带剪短，张力过小，带子在驱动辊筒部位打滑，或增大带子在托辊间屈挠，同样加快带子磨损。

因此，应及时校正平衡重位置和最小距离。同时还应检查在张紧装置上设置的防止物料落入盖板，金属网或筒罩是否完善，发挥防护作用。

（7）输送带：定期的检查输送带本身故障并及时处理，是防止发生意外事故和提高带子寿命的重要措施，输送带的检查包括上下表面损伤，带边损伤，带芯骨架损伤和接头，首先应检查是接头部位，看是否有脱扣。开胶、分层、开口、开胶、位移、偏斜等现象。

如发现的破损现象即使较小，也应在未扩大之前尽早地进行简单的部分修补，当破损相当大时，应立即停车进行彻底修补，或者先进行紧急修补，再尽快地进行大修，如破损严重则必须更换。

三、输送带在使用中出现的故障、原因及对策

1. 输送带在输送机某一部位单方向跑偏

（1）输送机架弯曲所致，应挂线检查弯曲，调整直线和水平度。

（2）跑偏部位以前的几个托辊与输送带运行方向不垂直所致，需把输送带跑偏侧的托

辊端向输送带运行方向倾斜。

（3）托辊上有块状附着物所致。需搞好保养，并安装刮板及其他清扫装置。

（4）托辊转运不良所致。需搞好保养，加强润滑，若托辊螺栓松动应拧紧。

（5）尾部或头部辊筒的中心偏，或者在带辊筒上有块状附着物。

（6）投料装置位置不合适所致。需校正投料装置的位置。

2. 输送带的特定部位在机体全长范围上跑偏

（1）输送带接头处直线度不足所致。应修理接头，改善接头附近带体的直线度。

（2）输送带本身直线度不足所致，输送带局部有轻微直线度不足现象时，一般是负载运转数日适应后即能自行校正；少数情况下，需要修正或修理输送带，需使用自动调中心辊，最好在靠近尾部辊筒返回一侧安装，以使物料在中央部位运载。

3. 输送带全体跑偏

（1）输送机机架弯曲所致，应检查调整输送机全长范围的直线度和水平度。

（2）物料装载位置不正所致，即物料在输送带上左右不均，重量不平衡，应改进投料装置。

（3）有时跑偏，这多半是由于从一侧刮来的风所影响的，应安装防风罩和自调中心辊。

（4）一侧托辊下降所致，应把左右托辊调到一个高度。

4. 输送带运行不平衡，即不固定跑偏

输送带太硬，以致使用初期成槽性不好导致跑偏，一般是使用数日之后即能消除；若使用长时间仍有此现象，则应安装自动调中心辊，不可调正时需更换输送带。

5. 上盖胶出现划伤，撕裂，剥离，异常磨损等现象

（1）挡板长度不足所致，应将挡板长度调整放长，直到输送带上的物料稳定为止。

（2）挡板开度不合适所致。挡板开度应该是输送带宽度的2/3～3/4，块状物料时应窄一些。挡板最好是对着运行方向呈扇形，并能调整开度大小。

（3）输送带和挡板的间隔不合适。先把挡板的输送带运行方向一侧与输送带相接触，之后慢慢加大间隔到适当位置，以减少挡板对输送带的啃伤。

（4）挡板的材质不合适所致。挡板材质过硬，或者使用旧输送带而帆布露出，以致直接与输送带接触，应更换成合适的橡胶挡板。

（5）投料方向不合适，即物料落下的方向与输送带运行不同，以致产生横向力，使输送带跑偏或受损伤。应调整投料方向。

（6）物料的投料角度和落差不合适所致。应减少角度，使物料落在输送带上不弹跳。落差大而输送带受到很大冲击时，应补加铁板，铁棒、链条等，以减小投料时的速度。

（7）物料的投料不对所致。由于物料的投料速度和输送带的速度调整得不好，物料落在输送带上的瞬间打滑，由此磨损上盖胶时，要调整投料速度，使之与输送带速度一致。

（8）返回辊不干净，不转动或没调整好，由此上盖胶全长发生异常磨损，应采如下几种方法：安装清扫器；清洗输送带；在返回辊上安装橡皮套；修理或更换返回辊。

6. 下盖胶严重磨损

（1）输送带在驱动辊筒上打滑所致。应检查张力是否正常，并适当加大张力，另外，为了防止打滑，在驱动辊筒上安装橡胶套或使用压紧辊筒来增大包角。

（2）成槽托辊过于倾斜所致，应加以调整使之与输送带方向成直角，误差不要超过2°。

（3）托辊转动不良所致，应搞好维修，加强润滑。

（4）托辊及辊筒表面状态不良所致。托辊和辊筒破损，有附着物，或者胶面带轮上的螺钉突出时，要进行修理，还要安装清除附着物的挡板。

7. 输送带的边缘损伤

（1）输送带边胶在辊筒上或其附近打折或弯曲所致。首先要检查输送带是否跑偏，并进行修理，加大机体横方向余量。

（2）头部辊筒前的第一成槽托辊离头部辊筒过近或过高所致，需调整托辊位置。

8. 张力过大引起的输送带伸长过大

（1）不改变输送量而加大输送带速度；

（2）用同一速度，但减少输送量；

（3）使托辊转动良好，尽量减少输送带运行时的负荷；

（4）尽量减少张紧负荷；

（5）用胶面滚筒或增加包角，经改善驱动效率，减少张力。

9. 输送带的带芯受损伤

（1）输送带受到物料块飞落冲击所致。应改进投料装置减少冲击。另外，可使用缓冲辊筒。

（2）输送带与带辊筒之间挤夹着物料，以致啃伤输送带，应在尾部辊筒返回侧安装刮板；在托辊和返回辊之间插入铁盖板。

（3）输送带跑偏而挂在机体的某处所致，有时甚至会导致纵向撕裂，应采取前述各项防止输送带跑偏措施。

（4）在投料部位挂有铁块所致。需除去铁块，并在这类故障发生较多处，使用金属或磁力分离器装置。

10. 下盖胶膨胀

托辊注油过多，或从机体其他部位滴落油和润滑脂所致，应搞好保养，减少润滑油使用量，并使油封完好。

11. 接头断裂

（1）接头卡子选错或固定不牢所致。应改用合适的卡子，定期检查接头部位，把卡子固定好。

（2）张力过大所致，应检查核对输送带张力，采取如前述 8 的解决办法。

（3）改用硫化接头。

12. 盖胶与布层有异物膨胀

这种现象可能的原因很多，应在膨胀部位扩展前迅速进行修理。

第五章 筛 碎 机 械

第一节 概 述

火力发电厂用煤是有一定粒度要求的。进厂的原煤经筛分后，超过 30mm 的块煤送往碎煤机进行破碎加工。输煤系统送往锅炉制粉系统的煤，通常要求在 30mm 以下，以保证制粉系统安全经济地运行。筛煤设备的作用就是对物料进行筛分，它不但可以提高燃煤的品质，还能够提高碎煤机的工作效率，同时可以降低碎煤机电能消耗和金属磨损。

所谓筛分，就是用带孔的筛面，使物料按粒度大小进行分级的作业。常用的筛煤设备是煤筛、煤筛的主要类型有固定筛、振动筛、滚轴筛、链条筛、共振筛、概率筛和摆动筛等。评定筛分机械的重要性能指标是筛分量和筛分效率。

筛分量即筛分机的生产率，指单位时间内进入煤筛的煤量，也称为煤筛的出力（t/h）。

筛分效率是指通过筛网的小颗粒煤的含量与进入煤筛同一级粒度的含量之比，而不是对进入的原料总量之比。

筛分机的生产率主要取决于筛网的宽度，筛分效率主要取决于筛网的长度。筛网的宽度应与给料设备的宽度相适应，实际应用中过宽并不能增大生产率。筛网长度在实际应用中通常取筛网宽度的 2～2.4 倍。

筛分设备通常采用钢丝编织筛网，钢板冲孔筛网，篦条筛网，以及橡胶板冲孔筛网等。

筛孔面积与筛网面积之比称为有效面积率，一般约为 50％～80％。有效面积率愈大、筛分效率愈高。有效面积率以编织筛网和条状筛网较大，冲孔筛网较小，若冲孔筛网的筛孔按梅花状交错排列，则可提高有效面积率。

原煤破碎的过程是用机械力克服物料内部的结合力，变大块为小块的分解过程，综合破碎煤的力学原理，大致有击碎、压碎、折碎、剪碎几种。

燃料的破碎质量对于制粉过程和制粉设备运行的可靠性有很大的影响。破碎后的燃料粒度过大，会降低磨煤的生产率，增加制粉电耗，加剧磨煤机研磨件的磨损。通常破碎后的煤粒粒度在 30mm 以下。

目前，在火电厂输煤系统中的破碎设备有锤击式、反击式、辊式和环锤式等碎煤机，特别是环锤式碎煤机，已广泛用于大、中型电厂，是一种较为先进的破碎设备。

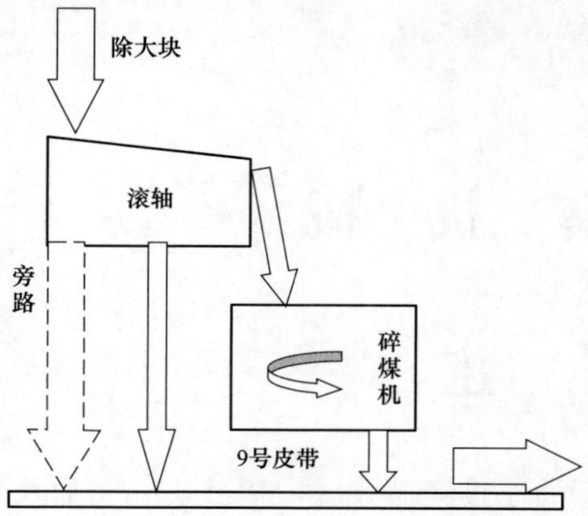

图 5-1　碎煤机室煤流示意图

瑞金电厂输煤系统在碎煤机室布置两台倾斜式滚轴筛，安装在碎煤机之前，其煤的筛碎流程如图 5-1 所示。滚轴筛与运煤系统联锁运行，煤流由除大块落入滚轴筛。如果来煤粒度小于 30mm 不需筛分或设备出现故障而输煤系统不能停止上煤时，可经过滚轴筛电动三通挡板直接落入旁路，进入 9 号皮带。如果来煤粒度大于 30mm 时，煤进入滚轴筛，经筛分后小于 30mm 的落入筛下煤斗，进入 9 号皮带，大于 30mm 的煤块进入环式碎煤机，经破碎后落入 9 号皮带。

第二节　滚　轴　筛

滚轴筛的筛面由很多根平行排列的辊轴组成，辊轴上交错地装有筛盘，滚轴通过链轮或齿轮传动而旋转，其转动方向与物料流动方向相同，可将未经筛选不同规格的颗粒状物料进行筛分，得到所需的物料粒度，以满足用户的使用要求。为了使筛上的物料层松动以便于透筛，筛盘形状有偏心的和异形的。为防止物料卡住筛轴，筛轴装有安全保险装置。滚轴筛全部为座式，有左传动和右传动之分，又分带走轮和不带走轮的，带走轮的可在钢轨上移动。

滚轴筛是火力发电厂输煤系统的重要筛分设备。工作时，物料（煤）进入滚轴筛，滚轴筛的筛轴向同一方向旋转，使物料沿筛面向前运动，同时搅动物料向下，小于筛孔的物料在筛轴旋转力和自重的作用下沿筛孔落下，大于筛孔的物料沿筛面继续向前运动，被送入碎煤机进行粉碎。

本期输煤系统在碎煤机室设置 2 台滚轴筛。对称布置，设备纳入输煤 DCS 控制系统。采用的是上海宇源电力设备厂生产的 PGS-1612 滚轴筛。该设备应能长期经受恶劣环境的考验，包括：粉尘、溅水、振动等工作条件。

一、滚轴筛的技术要求及特点

（1）在正常工况下能安全、持续运行，没有过度的应力、振动、温升、磨损、腐蚀、老化等其他问题，设备结构应满足方便日常维护和使用（如加油、紧固、清煤等）需要。

（2）设备零部件采用先进、可靠的加工制造技术，有良好的表面几何形状及合适的公差配合。

（3）对易于磨损、腐蚀、老化或需要调整、检查或更换的部件具有备用品，并能比较方便地拆卸、更换和修理。所有重型部件应具有便于安装和维修需要的起吊或搬运条件。

(4) 各转动件转动灵活，没有卡阻现象。润滑部分密封良好，没有油脂渗漏现象。轴承在运行时的最大振幅、温升、最高温度满足制造标准。

(5) 外露的转动部件设置有防护罩，且便于拆卸。

(6) 设备及部件的噪声符合国家有关标准规定的要求。

(7) 滚轴筛的进料口和出料口的倾角设计合理，筛面为倾斜布置，该机利用多轴同向等速旋转推动物料沿筛面运动。确保物料运行顺利，在筛分全水分14%煤种和大块较多的煤种时，不会造成积煤和卡堵。

(8) 滚轴筛额定出力为1700t/h，入料粒度不大于300mm，出料粒度不大于30mm。筛分效率大于95%。滚轴筛应有额定出力1.2倍的超出力运行能力。

(9) 滚轴筛设有内置旁路，内置旁路采用电液推杆挡板形式，内置挡板经筛面时倾角须大于70°，内置挡板采用16Mn钢制作。电液推杆应具有过载自动保护功能，自锁功能，电液推杆均采用接近开关，接近开关和航空插座选用法国施耐德产品。

(10) 滚轴筛面积、倾角、筛轴转速合理，以确保煤筛不堵煤、不卡塞，且有较高的筛分效率。

(11) 滚轴筛的传动部分应有良好的润滑条件，润滑部分不会有渗油现象。

(12) 滚轴筛设有清轴机构，以防止筛面堵塞，且便于更换和维修。

(13) 设备的机械零部件具有良好的互换性，所有的设备和材料能满足电厂所在地区的环境及设备所使用工况条件的要求。

(14) 滚轴筛设备均设有护罩顶部捅煤孔且设有活动盖板，以方便揭盖桶煤。

(15) 滚轴筛装置采用多轴多驱动。

(16) 滚轴筛整体具有良好的密封性，运行时没有煤尘外溢。

(17) 滚轴筛具有清扫装置，以防止筛轴黏煤。

(18) 筛轴设有电气过载保护装置。

(19) 筛轴上的盘片应用耐磨材料制造，使用寿命不小于3年。

(20) 滚轴筛空载及负载运行时，距离设备1m处测得的噪声不大于80dB。

(21) 电动机的防护等级为IP55。绝缘等级不低于F级。

(22) 减速器选用进口硬齿面减速器，为了增强密封性，轴承密封采用舌形密封＋迷宫密封＋轴端盖的三层密封形式，并有良好的润滑系统，整机采用风冷方式。减速器应转动灵活，密封良好，无冲击和渗油现象。减速器除满足机械性能要求外，还满足热容量校核的要求。

(23) 滚轴筛参加系统程序控制；还设有就地控制柜。就地控制柜包括柜体结构、内部结构。控制柜内强电信号与弱电信号分开布置，以避免干扰，控制柜内设屏蔽端子，并且有可靠的接地措施。就地控制柜采用2.5mm不锈钢板（材料为1Cr18Ni9Ti）制作，焊接采用亚弧焊。就地控制柜门采用双层门，内层门上设有电流、电流表及按钮、指示灯、就地、远操切换开关等，外层门设透明玻璃观察窗，防护等级为 IP65，绝缘等级不低于 F 级。低压电气元件采用施奈德的产品。就地控制柜中的端子排留有不少于 15％的余量。就地控制柜采用底部进出线。就地控制柜门沿采用倒喇叭形，防止水进入柜内。就地控制柜现场布置，能适应现场环境及温度（不设空调）。电缆电线采用 C 级以上阻燃电缆。

（24）滚轴筛筛轴材料采用 42CrMo，使用寿命大于 30 000h。筛片材料采用 NM400，使用寿命大于 8000h。衬板材料采用 HARDOX500，使用寿命大于 30 000h。旁路挡板材料采用 16Mn，使用寿命大于 3 年。机壳材料采用 Q235，使用寿命大于 20 年。

二、设备规范

型式：倾斜式滚轴筛（带旁路）
数量：2 台
额定出力：1700t/h
最大出力：2000t/h
物料：煤
物料粒度：≤300mm
筛下粒度：≤30mm
筛面尺寸：3600mm×2850mm×2000mm
筛齿轴数：12 轴
倾斜角度：5°、10°、25°
筛孔尺寸：45mm×105mm
效率：＞95％
电动机-减速机型号：DR 系列
生产厂家：SEW
功率：12×4kW
电压：380V
防护等级：IP54
绝缘等级：F 级
输入转速：1400r/min

三、滚轴筛煤机的运行和维护

运行班制为三班，每班运行时间为 8h。每日平均不小于 18 小时。机组年运行小时数大于 6500h。

1. 启动前检查

1）电动机、减速机、联轴器、筛轴轴承座是否有松动，坚固应牢靠。

2）电气开关、电缆应完好。

3）各部螺栓无松动，软连接良好。

4）筛板完整，无杂物。

5）落煤管畅通，无积煤。

6）确认碎煤机启动后，方可启动梳式摆动筛。

2. 启停操作

（1）程控操作。

1）筛机启动前准备工作完毕后，将就地操作箱上的转换开关置于“程控”位置。

2）由控制室对系统发出启动预告信号，现场人员不得再接触需要运行的设备。

3）根据所选运行方式在筛机后面的设备 9 号皮带及碎煤机先启动。

4）启动正常后，筛机启动。

5）当上煤完毕后，依程序设定，当筛机前面的设备除大块停下后，筛机停止。

（2）就地操作。

1）此操作只做设备检修后单机试验或交接班检查操作或紧急情况下使用。

2）设备经检查后，将就地操作箱上的转换开关置于“就地”位置，接到启动命令并汇报后按操作箱上红色启动按钮启动，按绿色按钮停止设备运行。

3. 运行注意事项

1）启动时必须空载启动，达到额定转数后方可加料。

2）带负荷停机后，应先清理净积煤再启动。

3）电动机振动、声音、温度正常。

4）运行中禁止打开检查门。

5）停运时，确认筛板上无煤，再停止梳式摆动筛。

四、滚轴筛煤机的故障及处理

滚轴筛的故障及处理方法，见表 5-1。

表 5-1　　滚轴筛的故障及处理方法

故障	原因	处理
启动不起来	（1）电气故障； （2）机械部分卡死	及时处理或联系检修
运行中突然停转	（1）电气回路故障； （2）机械损坏； （3）负荷过大	（1）及时处理或联系检修； （2）及时处理或联系检修； （3）减小负荷
筛板堵煤	（1）煤质太黏； （2）负荷大； （3）筛网堵塞	（1）控制给煤量； （2）减小负荷； （3）停机清理

第三节 环锤式碎煤机

电厂锅炉燃煤通常是未经分级的原煤，粒度大多不符合制粉系统要求，需进行筛碎。燃煤的筛碎质量，将直接影响制粉设备的运行经济性。若破碎后的燃煤粒度不符合制粉要求，将会降低磨煤设备的生产效率，增加制粉的耗电量，并加快磨煤设备部件的磨损。

环锤式碎煤机是我国在20世纪80年代中期，从国外引进技术生产的一种破碎机械，它利用高速回转的环锤冲击煤块，使其沿自身裂缝或脆弱部位破碎，达到破碎煤的目的。环锤式碎煤机具有结构简单、体积小、质量轻、维护量小、更换零件方便、能排除杂物、对煤种的适应性强等优点。

碎煤机的作用是将滚轴筛送入的大块煤破碎成不大于30mm的颗粒。华能秦煤瑞金发电有限责任公司采用秦皇岛民生电力设备KRC1200型环锤式碎煤机，共2台，布置在滚轴筛下方。

一、工作原理及技术参数

1. 工作原理

环式碎煤机的主要破碎过程可分为：冲击、劈剪、挤压、折断、滚碾几个过程。环锤式大块碎煤机主要是利用旋转转子上的环锤施加锤击力，从而获得破碎物料作用的。从输煤皮带来的原煤，均匀进入碎煤机破碎腔后，首先受到高速旋转的环锤冲击而被初碎，初碎的煤块撞击到碎煤机及筛板上后进一步被粉碎。当初碎颗粒落到筛板及环孔之间时又受到环锤的剪切，滚辗和研磨等作用被粉碎到规定的粒度，而后从筛板栅孔中排出。而少量不能被破碎的物料如铁块、木块等杂物，在离心力的作用下，经拨料板被抛到除铁室后定期清除。

2. 设备规范

碎煤机主轴材料采用40CrMo，使用寿命大于10年；环锤材料采用ZGMn13，使用寿命大于10 000h；环锤轴材料采用40CrMn，使用寿命大于10 000h；筛板材料采用ZG40Mn2，使用寿命大于15 000h；破碎板材料采用ZG40Mn2，使用寿命大于15 000h。

设备型式：HCSM800

设计使用寿命：30年

适用物料：煤

额定出力：1200t/h

最大出力：1500t/h

进料粒度：≤300mm

出料粒度：≤30mm
转子直径：1200mm
转子有效长度：1800mm
转子转动惯量：1128kg·m^2
转子偏心距：≤0.02mm
转子线速度：740r/s
转子重量：6270kg
主轴材料：40CrMo
环锤数量：齿环：14个（36kg/个）
光环：12个（47kg/个）
抽轴最小尺寸：2m
电机型号：YKK4505-8
电机转速：750r/min
电机功率：355kW
供电电压：10kV
电机防护等级：不低于IP55
设备总质量：26 880kg
运输单件最大质量：18 481kg
最大分离件外形尺寸（长×宽×高）：1200mm×120mm×1800mm
设备外形尺寸（长×宽×高）：3330mm×3460mm×1950mm
主要部件材料：主轴材料40CrMo

二、主要部件

KRC1200型环锤式碎煤机结构如图5-2所示。环锤式碎煤机它主要由机体，电动机、转子、液力偶合器、筛板架、调节器，液压传动系统组成。其中下机体、中间机体、前机盖及后机盏，都是采用不同厚度的钢板焊接而成，机体内壁固定有高锰钢铸造的耐磨衬板。

1. 机体和机盖部分

机体是由下部体、前部体、中部体和后部体组成，内部由螺栓及螺栓联接的耐磨衬板，在机体的前、后部设有4个观察门，后部设有除铁室，便于除杂物。

下机体用来支承前、后机盖，中间机体及转子部件，具有充分的强度与刚度。在机体前侧设有一个检查门，在非电动机端轴承座下面也设一个观察门，从这里可以窥视环锤磨损情况及检查环锤与筛板之间的间隙。中间机体借助螺栓与下机体连接，其接合面处用密封胶条密封，上部是入料口，四周装有衬板及内壁衬板，顶部装有风量调节装置。后机盖

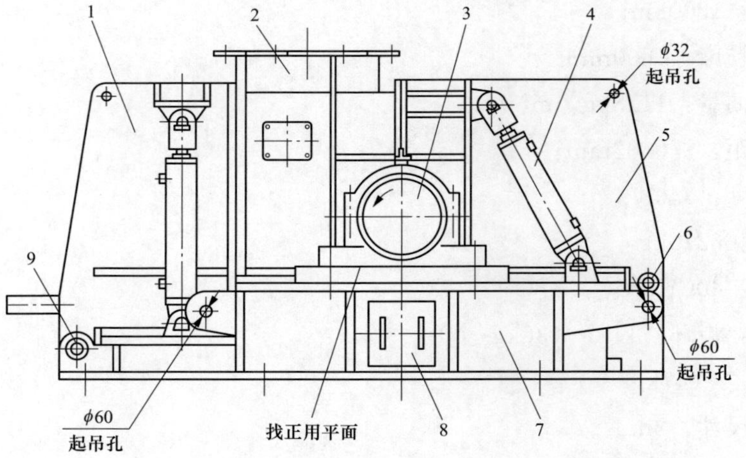

图 5-2 KRC1200 型环锤式碎煤机结构

1—后机盖；2—中间机体；3—转子部件；4—液压系统；5—前机盖；6—圆柱销；7—下机体；8—侧视门；9—圆柱销

通过两个圆柱销与下机体连接，并可以此为旋转中心向后翻转，四周法兰用螺栓与下机体和中间机体紧筒在一起。机盖上部有一旋挂轴，筛板架组件悬挂于此，机盖后部有调节机构。前机盖通过两个圆柱销与下机体连接，并可以此为中心向前翻转。并用螺栓将下机体和中间机体紧固在一起，栅格型弹性筛及反弹衬板组成除铁室，不易破碎的物料（如铁块、木块等）经下拨料板和上拨料板被抛进除铁室，定期打开前视门可清除之。机体顶部装有衬板，两端内壁也装有衬板。

2. 转子部件

在主轴上装配有平键、两个圆盘、摇臂、隔垫等部件。齿环锤和圆环锤按静平衡的规定，通过四对环轴穿在摇臂和圆盘上，其主要零部件由锁紧螺母予以轴向紧固，在主轴两侧装有双向心滚子轴承（22336C 型）其轴承座配备有温度振动传感仪。主轴与电动机之间由 YOX1000 型液力偶合器相联。

由主轴通过平键把 17 个摇臂、18 个间隔环、两个转子圆盘固定其上，两端有锁紧螺母锁紧。主轴两端采用自动调心球面滚子轴承，型号为 22340CC/C3W33，4 根环轴上装有顺序排列的 18 个齿环锤及 16 个圆环锤，平键用来安装液力联轴器。在主轴上装配有平键、两个圆盘、数个隔套、数个摇臂和数 10 个环锤。按静平衡的规定，通过 4 个环轴套穿在摇臂和圆盘上，靠弹性销定位卡住，其主轴上各零件由两端的夹套、锁紧螺母予以锁固。为了避免工作中产生回松，在紧固处施点焊滞动。在主轴两边装有 GB286-60 型双向列向心球面子轴承，联轴盘和挠性联轴器等与电动机轴相连接。

3. 筛板架组件

筛板支架系采用钢板焊接而成，上部焊有通轴悬挂在机体两侧的支承座上电压板限位，下架下部的孔与筛板调节器的丝杆通过安全销铰支在连在一起。如机内进入大铁块，由突然增加径向负荷其销轴先被剪断，筛板支架落下，起到安全保护作用。铸锰钢制成的碎煤板大、小孔筛板及破碎板由螺栓、螺母紧固其上。

4. 调节机构

本机设有左、右两筛板调节器，它由丝杠、丝母镇紧器，轨道、销轴等组成。当筛板与锤环之间的间隙需要调整时，用扳手先将外锁紧螺母罩打开，用专用扳手调节螺母丝杠移动从而获得所需出料粒度的调整间隙。

筛板间隙的调节是通过左右对称的两套蜗轮蜗杆减速装置实现的。为保证两边同步，用联轴器机连接套连接在一起，用活扳手卡住连接轴上的六方头摇动蜗杆带动蜗轮推动丝杠实现轴的前后移动。销将连杆与筛板架相连，轴的移动带动筛板架前后移动，从而实现筛板间隙的调整。

5. 减振平台

下框架座在楼板上作为减振平台的基座，并通过楼板预埋件固定在楼板上。上框架与被减振的碎煤机和电动机相连，使两者在同一振动频率下减振。上下框架之间的连接用钢制的弹簧箱相连，每组弹簧设有 3 个钢制的弹簧，弹簧装在弹簧座里，通过弹簧座与上、下框架相连，组成一个减振装置。

6. 液压系统

本机液压传动系统传为开启前后箱体用。其系统由液压分配器，手动换向阀，钢丝编织胶带，管件及液压油缸组成。当本机需要检修时，将其液压分配器胶带管件联接于设备胶带管件上，开启阀门接通液压分配器电源即可工作，其两套系统分别工作，当要开启前部箱体时，必须先开后部箱体，吊出转子方能全部开启前部箱体，转子吊装示意如图 5-3 所示。

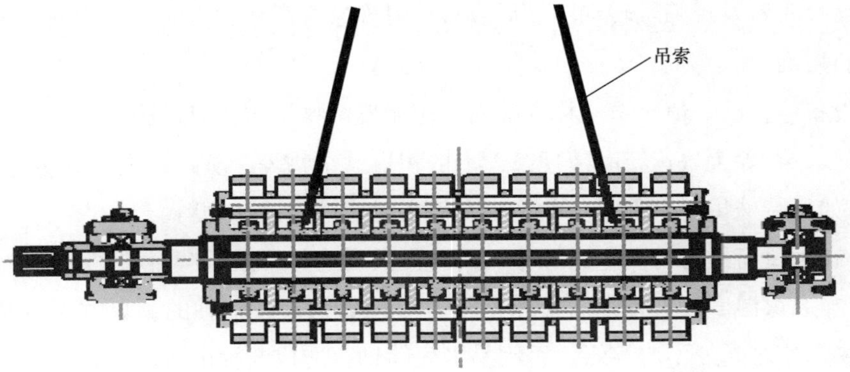

图 5-3 转子吊装示意图

第四节 除大块分离器

一、概述

除大块分离器主要由上箱体、下箱体、头部护罩、杂物出口管、筛轴、电动推杆、活动挡板、支腿等组成。

二、除大块分离器工作原理

原煤经胶带机改向滚筒进入大块分离器活动挡板，沿活动挡板倾斜方向，将煤层引向筛轴，各筛轴按同一方向旋转，推动物料向前移动，同时起到搅拌物料的作用。依据等厚筛分的主要特点，物料在运动中不断进行分层筛分，小于或等于200mm的物料，在自重和筛轴旋转力的作用下，沿筛孔落下，大于200mm的物料，继续向前移动，经出口落煤管进入大块箱。

三、除大块分离器运行中的注意事项

(1) 使用时除大块分离器应先空机启动，待运转正常后再加料。

(2) 运行中注意机体有无振动，振动值过大，停机检查。

(3) 运行中电动机固定应牢固，无异常振动和响声，电动机外壳无过热现象。

(4) 减速机运行应平稳、无杂声、底脚螺栓和连接螺栓应无松动现象，无漏油、振动、过热现象，油温不超过80℃，窜动不超过2mm，振动不超过0.1mm。

(5) 各轴承不得有过热、振动、噪声等现象，温度不超过80℃，振动不超过0.1mm。

(6) 筛轴转动应灵活平稳，发现筛轴不转时应停止运行，通知检修人员检查处理。

(7) 筛轴上的筛片不得有窜动、脱落、断裂现象，有此情况不得投入运行。

(8) 运行时若发现筛轴转动不灵活或有卡阻现象，声音异常时，应及时停机检查，待消除后重新启动。

(9) 设备停止后，值班员应检查筛面上应无残留物，如有应设法清除。

(10) 严禁在除大块运行时清理筛面上的积煤、杂物等，防止造成人身伤害。

(11) 如无特殊情况不准带负载停车，停车时应停止添加物料。

(12) 在满负荷运行时发生紧急停机后，再次启动时严禁重载启动。

(13) 当原煤湿度较大很黏时，在运行时应检查筛片及筛轴的黏煤情况，特别是筛箱侧面与边缘筛片之间处不应存煤，否则易卡死筛轴，造成断轴事故。

(14) 运行时要经常注意轴承的温升是否超过80℃。

第五节 筛碎机械的运行与维护

一、环锤式碎煤机的运行

1. 运行前的检查

(1) 碎煤机、要无漏煤粉积煤现象，上下落煤筒畅通；

(2) 轴无严重损坏或变形；

(3) 确认设备无人检修或做清扫保养工作；

(4) 检查各部件螺栓无松动或脱落等现象；

(5) 检查电机地脚螺栓就牢固，无松动，接线和接地线完好，进风口周围无杂物；

(6) 检查环锤、衬板、无严重磨损等现象；

(7) 检查碎煤机室内有无异物，否则及时清理；

(8) 检查各安全门、观察门、孔要关严、销钉插牢；

(9) 碎煤机，下煤管无堵塞现象，有积煤及时清除。

2. 运行中的检查及注意事项

1) 注意给料应均匀，出料颗粒是否达到要求；

2) 进入机内的铁块等杂物，不能太大；

3) 随时检查电动机运行电流正常，无异声，异常气味及振动；

4) 随时检查各护板螺栓不得松动和脱落；

5) 检查碎煤机无异常声音和振动，否则立即停机处理；

6) 运行中不准爬上回站在碎煤机上，不准清扫卫生，打开检查门；

7) 允许增加转子转速。

二、环锤式碎煤机的维护

1. 环锤式碎煤机的调整

机器必须在停车状态调整。根据排料粒度的大小，筛板间隙 C 可自行决定，一般情况下可按 $C_1=(1\sim2)C_2$（C_1 为环锤与筛板间的间隙，C_2 为筛板孔的短边尺寸）来决定。由于环锤和筛板的磨损，间隙 C 会逐渐变大，故应及时检查调整。通过侧视门可目视或测量该间隙的大小。

2. 空负荷鼓风量的调节

风量调节装置装在中间机体的顶部。本机出厂前，已装配好的风量调节装置，已考虑到破碎腔内循环气流的间隙相匹配，能够保证碎煤机正常工作间隙下的空负荷鼓风量要求。当碎煤机的运行工况各异时，或者环锤和筛板磨损到严重程度，用风速仪测得碎煤机入口和出口处鼓风量超标时，应停机，松开风量调节板的紧固螺母，但无需从方楔螺母上拆下，松开调节套筒。根据情况增减调整垫片（厚度为 2、5、8、10mm），即可调节入口和出口鼓风量。一般按 $\delta_B=1.25\delta_A$（δ_A 为环流间隙，即筛板与环锤轨迹圆之间隙；δ_B 回流同踪，即风量板出口处与环锤轨迹圆之间隙）调节气流间隙。间隙调整结束后，必须将紧固螺母和调节套筒牢牢紧固后，方可开机运行。

3. 碎煤机的润滑

出厂时碎煤机各润精部位均已充满防锈油。使用前，一定要放掉防锈油，并用煤油清洗干净，再加人规定牌号的润滑油。主轴两端轴承润滑采用的润滑脂牌号为 3 号或 4 号 MS 锂基润滑脂。注入量为轴承座油腔的 1/3～2/3。润滑脂必须清洁，隔半年更换一次。蜗轮、蜗杆及轴承润滑采用 4 号钙基润滑脂，每年换油一次。铰链轴加 4 号钙基润滑脂，每月一次。液力耦合器用油应具备高闪点，低黏度的特点，一般采用 22 号汽轮机油。向液力耦合器注油时，必须经过 80～100 目/cm 的滤网过滤。充油量是决定液力耦合器特性的重要因素之一，应根据电动机的转速及所传递的功率，严格按照该产品使用说明书所提供的图标选取相应的充油量。运转时间超过 500h 要更换油。

三、滚轴筛运行

1. 空载试运转

（1）运行之前检查设备上及设备内以及周围是否有遗留的工、器具及其他物品，予以清除。

（2）对所有的轴承座及传动装置应加注足够的润滑油（脂）。

（3）检查电源控制及接线确定无误，控制开关置于现场“手动”位置。

（4）准备工作完毕后，可接通电源点动几次，查看旋转方向并注意是否有其他杂声，如运转正常，方可连续运转。

2. 负荷试运转

（1）当空车试运转 2h 无异常后，可进行负荷试运转。

（2）负荷试运转同时观察其振动情况，振动不应过大。

（3）停机前应将机内物料全部排出。

（4）试车时应做好电源、电压、功率和出力的原始记录，并核对是否符合设计要求。

四、滚轴筛设备检修

滚轴筛设备检修工艺如下：

（1）每根筛轴两端各装有一套轴承（轴承型号为 22214），每根轴上装的筛片数量不相等。两轴筛片为相交错位形式，以保证筛下物粒度满足要求。

（2）筛片间隙出厂时已按物料除杂性能定好，使用厂家无需在重新调整。

五、除大块分离器运行

（1）电动机、减速机、电动推杆、轴承座等底座紧固螺栓应无松动、脱落及断裂。

（2）电动机引线、接地线应牢固完好。

（3）对轮挡圈固定完好，对轮销间隙适当，防护罩完好无损。

（4）减速机内的润滑油油位正常，箱体密封严密，无漏油现象。

（5）筛轴转动应灵活，筛片无窜动、严重磨损及脱落现象。

（6）筛面上无积煤，筛轴之间无异物卡堵，筛轴与筛轴清扫刮刀之间无积煤和缠挂物，否则应在做好安全措施的前提下及时清理。

（7）筛上部、下部落煤管不得有破洞、开焊现象，落煤管内应无积煤或堵塞，三通挡板位置正确，操作灵活无卡涩，限位开关完好。

（8）控制箱上各转换开关、按钮等应齐全完好，如程控操作，除大块选择开关置“程控”位置。

六、常见故障及处理方法

（1）环锤式碎煤机常见故障及排除方法见表 5-2。

表 5-2　　环锤式碎煤机常见故障及处理方法

故障	故障原因	处理
碎煤机振动大	（1）环锤及转子失去平衡； （2）联轴器安装中心不正； （3）轴承损坏或间隙大； （4）给料不均匀，造成环锤不均匀磨损	（1）重新选装，更换环锤并找平衡； （2）重新找正； （3）修复更换轴承或调整间隙； （4）调整给料装置
轴承温度超过 80℃	（1）轴承损坏； （2）润滑脂污秽； （3）润滑脂不足	（1）更换轴承； （2）清洗轴承，换新润滑脂； （3）填注润滑脂
碎煤机内产生连续撞击声	（1）不易破碎的杂物进入机内； （2）破碎板、筛板等的螺栓松动，环锤打在其上； （3）环轴窜动或磨损过大； （4）弃铁室金属杂物堆满	（1）清除异物； （2）紧固有关螺栓、螺母； （3）更换环轴或紧固两端止挡； （4）清除铁块、杂物
排料粒度大于 50mm，粒度明显增大	（1）筛板与环锤间隙过大； （2）筛板栅孔有折断处； （3）环锤或筛板磨损过大	（1）调整筛板与环锤的间隙； （2）更换新筛板； （3）更换新环锤或筛板
碎煤机停机后惰走时间较短	（1）机内阻塞或受卡； （2）轴承损坏； （3）润滑脂变质； （4）转子不平衡	（1）停机后清理阻卡物体； （2）检修轴承； （3）更换润滑脂； （4）重新找平衡

续表

故障	故障原因	处理
出力明显降低	（1）给料不均匀； （2）筛板孔堵塞	（1）调整给料机构； （2）打开机壳或下门，清理筛板，检查煤粉含水量、含粉量
碎煤机堵煤	（1）机体内有杂物； （2）落煤管堵塞或下级皮带打滑； （3）梳式摆动筛筛分率降低，致使碎煤机超出力运行； （4）筛板孔被异物堵塞，使碎煤机出力增大； （5）煤中水分大，黏度大； （6）联锁失灵，碎煤机或胶带机故障跳闸后，梳式摆动筛及以前的来煤设备没有停止； （7）锤环与栅板间隙过大	（1）控制煤量； （2）停机除杂； （3）消除堵塞或打滑； （4）紧急停机，汇报班长，若进入碎煤机底部清煤时，必须做好防止胶带机和碎煤机启动的可靠措施； （5）调整筛板与环锤的间隙
轴承过热	（1）轴承保持架或锁紧套损坏； （2）润滑油过多、不足或污秽； （3）轴承间隙过小	汇报班长，密切注意设备情况，必要时停止运行，通知检修人员检查处理
碎煤机振动异常，机内有异音	（1）锤环及环轴损坏失去平衡； （2）大铁块进入碎煤机； （3）轴承在轴承座内间隙过大或损坏； （4）液力耦合器与主轴、电动机轴的安装不紧密，不同轴度过大； （5）给料不均匀，且煤块过多，造成过负荷	汇报班长，密切监视碎煤机，若系煤块过多，负荷大，则应联系减负荷运行；若因环锤损坏等机械原因，应停止煤源设备给煤，待胶带机上的煤全部跑光后，停止碎煤机的运行，通知检修人员检查处理；若情况危急应立即停止碎煤机运行
液力耦合器易容塞熔化喷油	（1）液力耦合器充油量太多或太少； （2）严重过负荷	汇报班长，查明原因，通知检修人员检查处理
运行中电动机声音异常且有过热现象	（1）碎煤机堵煤或严重过负荷； （2）电动机缺相运行	紧急停机，汇报班长；若因缺相运行所引起，通知检修人员检查处理；若因堵煤造成，应及时进行清理
操作启动按钮，碎煤机不启动或操作停止按钮，碎煤机不停止	（1）控制电源消失； （2）按钮或线路故障； （3）电气回路故障或接线不良	汇报班长，联系检修人员进行处理，不可连续启动，必要时应请示值长同意，但两次启动间隔不得少于30min
出力明显降低	（1）给料不均匀； （2）筛板栅孔堵塞	（1）检查调整给料机构； （2）清理筛板栅孔，检查煤的含水量和含粉量

（2）滚轴筛常见故障处理处理见表5-3。

表 5-3 倾斜式滚轴筛常见故障处理一览表

故障	故障原因	处理
按下启动按钮，电动机不转动	（1）按钮接线不良或控制回路故障； （2）无动力电源； （3）无操作电源； （4）电动机本身损坏	按下停止按钮，汇报程控员通知电工班检查处理
滚轴筛筛轴运行中突然停止不动	电动机的热保护动作	（1）属电气问题，通知电工班检查处理； （2）在保证安全的条件下，用专用工具清除筛轴和梳子之间的积煤杂物
滚轴筛出力不足	（1）煤的水分过大； （2）煤的粒度过大； （3）筛轴间有严重的卡堵现象	减少煤源设备出力，停止设备运行并检查筛面情况
筛选性能不好	（1）筛片有窜动； （2）筛片有脱落	通知检修人员检查处理
轴承温度高	（1）润滑油过多或不足； （2）轴承内套与轴、轴承外套与轴承座之间相对运动； （3）轴承损坏	注意观察温度变化情况，如超过80℃时，应立即停机，汇报程控员，通知检修人员检查处理
电动机减速机异常振动、响声或出现过热现象	（1）电动机、减速机地脚固定螺栓松动； （2）过负荷运行； （3）电动机或减速机自身故障	汇报程控员，减少系统出力并注意观察，严重时立即停机，通知检修人员检查处理

（3）除大块分离器常见故障处理见表 5-4。

表 5-4 除大块分离器常见故障处理一览

故障	故障原因	故障处理
除大块分离器堵煤	（1）轴上缠有异杂物或卡有大木头、石头等杂物； （2）煤太湿，煤的黏度大、煤量大； （3）上、下级皮带联锁失灵，下一级皮带故障停机后，上一级皮带未停机； （4）旁路落煤管中卡有杂物	（1）停机，清理异杂物； （2）汇报程控室联系减小煤量； （3）联系电工班检修
除大块分离器不转	（1）叶片及转动轴被大石头、煤块等卡住； （2）过热故障； （3）联轴器尼龙柱销断，联轴器故障； （4）减速机或各轴承出现机械故障	（1）清理异杂物； （2）将热耦复位； （3）联系检修处理； （4）联系检修处理

第六章 辅 助 设 备

输送系统的辅助设备主要包括除铁器、污水泵、木屑分离器及煤挡板等。这些辅助设备是保证输煤系统安全稳定及文明运行的重要手段。

第一节 除 铁 器

输煤系统运往锅炉原煤仓的原煤中，常常夹杂有各种不同形状和大小的金属物。它们的主要来源是采煤中所夹带的杂物，如矿井下轨道的道钉，运输机的部件及各种型钢件，铁路车辆的零件，如制动闸瓦、勾舌销子等。这些金属杂物进入输煤系统的碎煤机或制粉系统，都将会造成有关设备的严重损坏和事故。同时，这些金属杂物沿输煤系统通过，会在带式输送机、皮带给煤机等传动部分引起各种破损。尤其是胶带的纵向划破，将给输煤系统造成重大事故。因此，煤在进入碎煤机前除去金属杂物。特别是铁磁性物质，对于保证设备安全、稳定运行，都是十分必要的。

目前，火力发电厂输煤系统中，都装设一定数量的除铁器。除铁器按其磁场源形成方式可分为电磁除铁器和永磁除铁器；按安装形式可分为悬吊式和滚筒式；按其冷却方式可分为自然冷却、风冷、油冷等类型。

一、工作原理

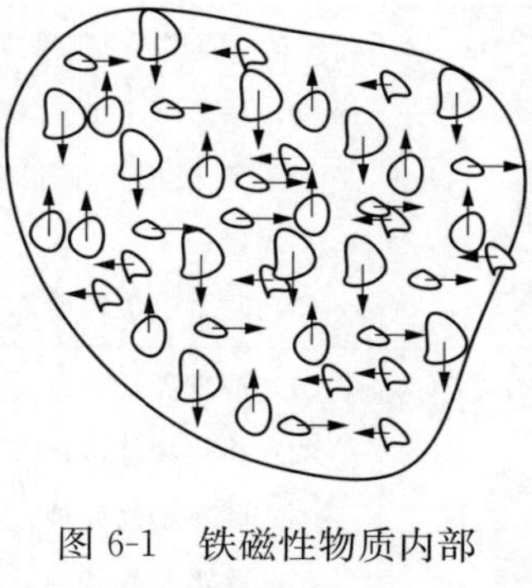

图 6-1 铁磁性物质内部磁畴示意图

1. 铁磁性物质的磁化原理

铁磁性物质内部具有磁畴，犹如众多的小磁铁混乱的堆积，如图 6-1 所示，对外的磁矩为零，整体对外没有磁性，此时铁磁性物质处于磁中性状态。铁磁性物质在外磁场的作用下，内部的磁畴与外磁场相互作用，内部的磁畴磁矩将发生向外磁场方向的转动，如图 6-2 所示，此时磁畴的排列是有序的，而且磁矩均朝外磁场方向，此时铁磁性物质整体对外就有磁性，这一过程称为磁化。

除铁器中的铁芯被励磁线圈提供的磁场磁化。除铁器对外提供的磁场包括两部分，一是线圈提供的励磁磁场，它会随冷热态发生变化；二是铁芯被磁化后提供的磁场。除铁器的铁芯采用高导磁、高饱和磁感应强度的电工纯铁，当线圈的励磁磁场很小时，铁芯便达到了饱和。铁芯磁场是除铁器磁场的主要提供源，在较小的励磁磁场下便达到饱和，不再随冷热态变化，提高了除铁器总磁场的稳定性。

2. 电磁除铁的原理

不论是盘式除铁器还是带式除铁器，其工作原理是相同的，它们的区别在于弃铁方式和布置方式。

铁磁性物质的导磁能力较强，在磁场中能在极短的时间内被磁化，在物体两端产生磁极。被磁化的程度常用磁化强度 J 表示。

$$J=K_{o}H_{o}$$

式中　H_{o}——外磁场的磁场强度；

K_{o}——比例系数。

K_{o}的物理意义是单位长度的物体在单位场强的磁场中产生的磁矩。K_{o}越大，越容易被磁化。

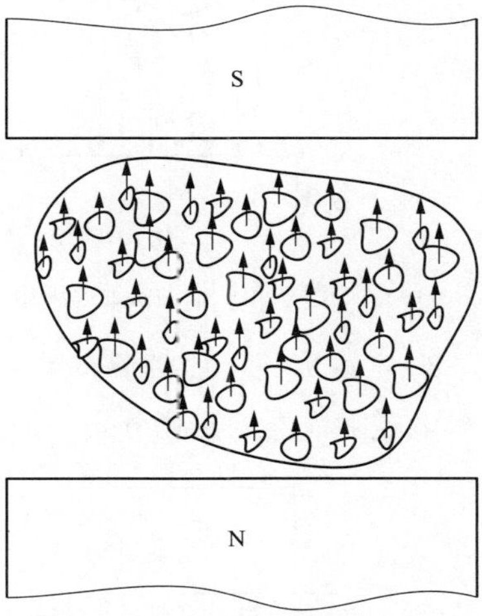

图 6-2　铁磁性物质被磁化示意图

在实际生产中，一般用“比磁化系数”表示物质被磁化的难易程度。

$$x_{o}=\frac{K_{o}}{\delta_{o}}$$

式中　K_{o}——比例系数；

δ_{o}——物质的密度；

x_{o}——物质的比磁化系数。

x_{o}的大小不仅与物质的性质有关，还与物质的形状、密度有关。

铁磁性物质进入磁场被磁化后，在物体两端便产生磁极，受到磁场力的作用。物体在匀强磁场和非匀强磁场中的受力情况是不一样的。

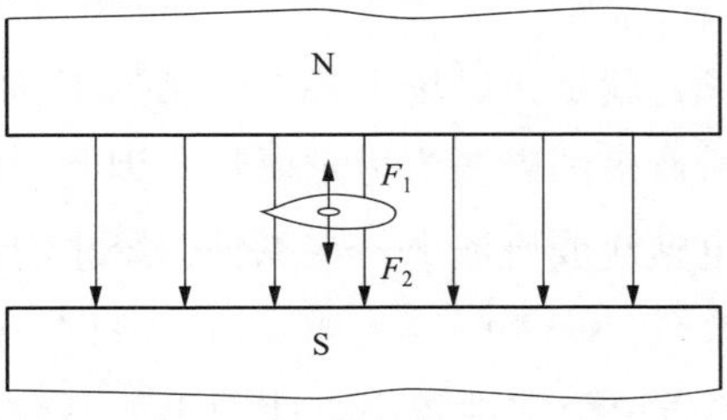

图 6-3　铁磁物质在匀强磁场中的受力情况

（1）铁磁物质在匀强磁场中的受力情况。在匀强磁场中各处的磁场强度是相同的，所受的磁力也是相等的。在图 6-3 中，$F_{1}=F_{2}$，方向相反，物体所受的合力为零，物体在磁场中的任何一位置均处于平衡状态。

（2）铁磁物质在非匀强磁场中的受力情况。铁磁性物质进入非匀强磁场，情况不同。如图 6-4 中，原磁场在不同位置所具有的场强是不同的，所以物体在各点被磁化的强度也不同。在原磁场强度较强的一端，物体被磁化的强度大，磁化强度大的一端所受的磁场力也大。因此物体两端在非匀强磁场中所受到的磁场力作用是不等的，即 $F_{1}>F_{2}$。在这种情况下，物体将向受磁力大的方向移动。所以铁磁性物质在非匀强磁场中会作定向移动。除铁器即根据此原理制成。

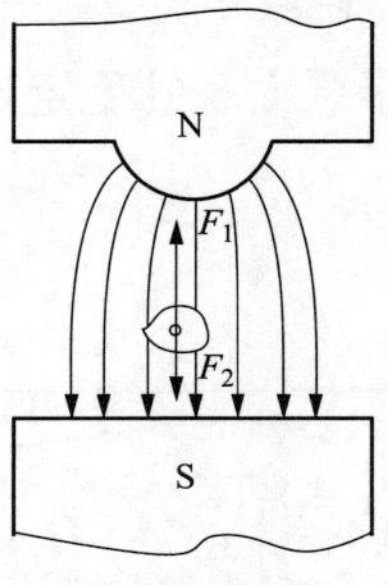

图 6-4 铁磁物质在非匀强磁场中的受力情况

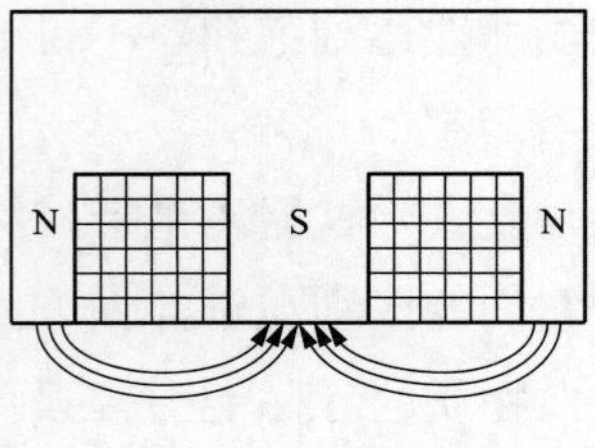

图 6-5 磁铁除铁器磁场分布

3. 电磁除铁器的磁场布置

电磁除铁器的磁场分布一般如图 6-5 和图 6-6 所示。

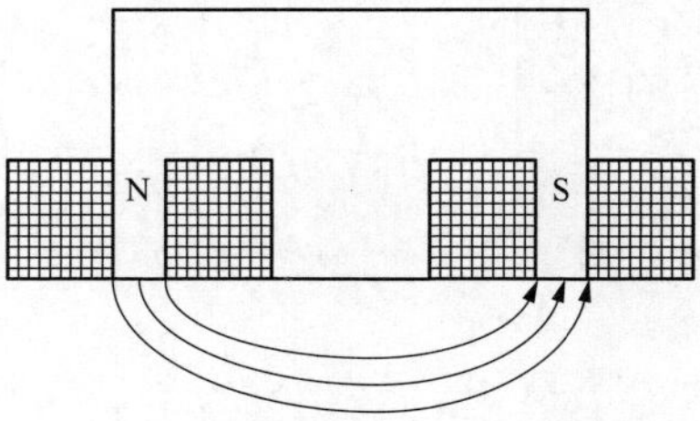

图 6-6 磁铁除铁器磁场分布

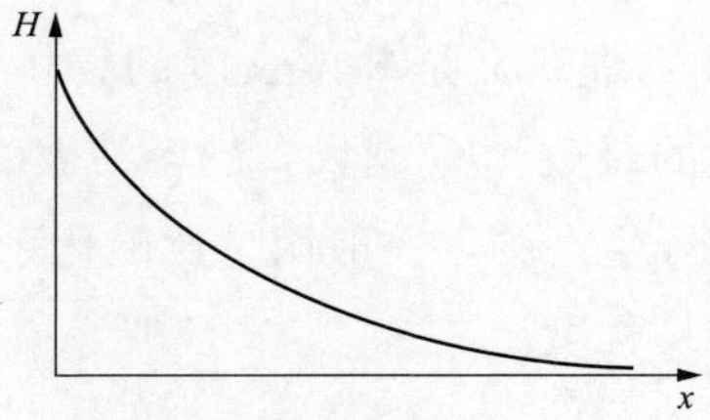

图 6-7 磁场强度与距离的变化关系

除铁器所建立的磁场为非匀强磁场。在非匀强磁场中，当铁磁性物质距磁极表面的位置发生变化时，其磁场强度 H 将发生变化，H 与其距离 x 的变化关系如图 6-7 所示。从图 6-7 中的曲线可看出，铁磁性物质的磁场强度是以指数函数规律变化的，随着距离 x 的增大，磁场强度 H 减小。在安装除铁器时，在不影响运行的情况下，应尽量减小电磁铁与皮带的距离，从而获得较好的除铁效果。

4. 硅整流装置

除铁器所建立的磁场应为恒定磁场。所谓恒定磁场，就是指磁场中各点的场强不随时间变化的磁场。在不受外磁场干扰的前提下，直流电所产生的磁场为恒定磁场。因此在除铁器中，用于建立磁场的励磁电源为直流电，将交流电整流成直流电，在除铁系统中有一套硅整流装置，如图 6-8 所示。采用二极管桥式全相整流，输入电源为 400V，50Hz 三相电源，输出电源为直流 513V。采用二极管，二极管的质量稳定性较高，使输出波形较稳定。三相二极管桥式全相整流的波形如图 6-9 所示。

二、悬吊式（盘式）电磁除铁器

1. 工作原理

当盘式除铁器启动后，此时电磁铁线圈接通支流 220V 电源，并保持电磁铁在常磁状态下工作，当输送的煤中有铁件时，就将其吸附在圆盘底部，断电消除剩磁后，铁件回收至接铁装置中。

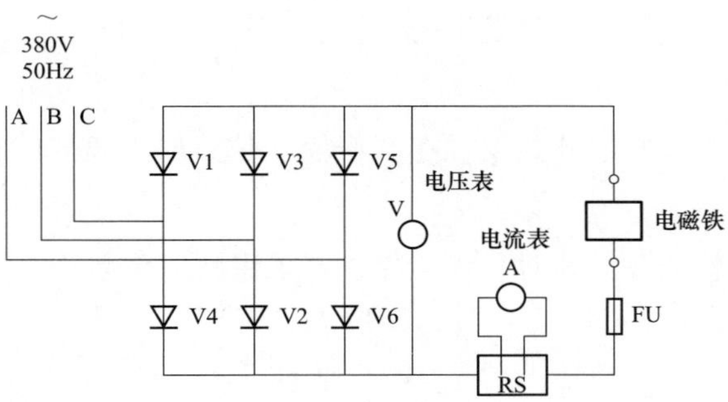

图 6-8 硅整流装置原理图

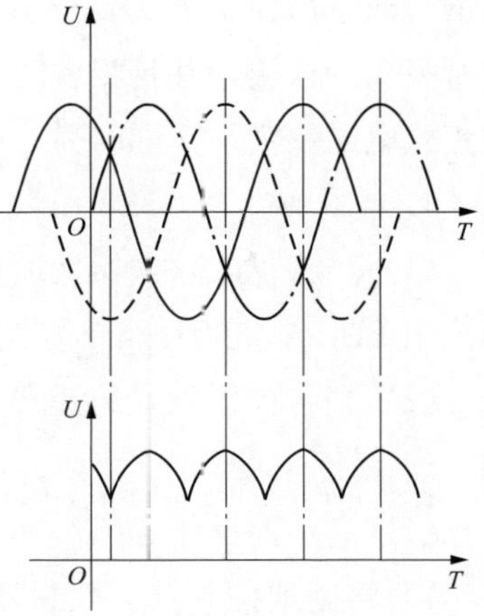

图 6-9 整流波形图

2. 结构

悬吊式电磁除铁器这种设备的最大优点是结构简单，性能较好，便于维修，即使安装在狭小的地方也可以达到除铁目的，因此该产品仍广泛用于火力发电厂中。主要由主、副轭板、起重孔板、铁芯、电磁线圈、绝缘板、外筒壳和下托板等部件组成。悬吊式电磁除铁器的铁芯大都是马蹄形的，铁芯外为绕组，电源为直流 220V。

3. 布置

盘式除铁器悬一般安装在碎煤机前的输煤皮带上方，在皮带上方设置轨道，供盘式除铁器行走。适用于带速不超过 2.0m/s 的输送机上，可在较恶劣的环境下工作。盘式除铁器布置如图 6-10 所示。

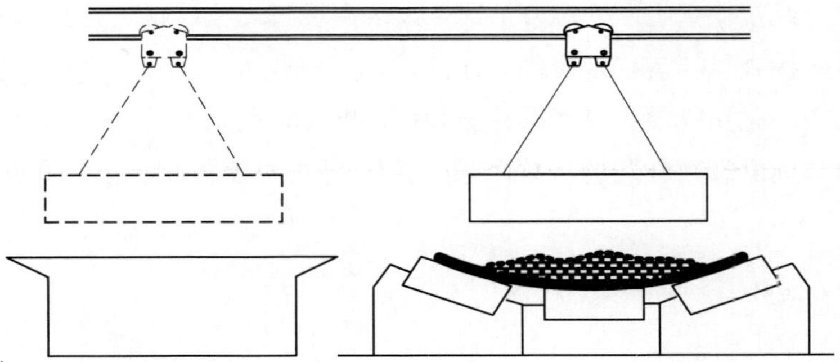

图 6-10 盘式除铁器布置图

悬吊式电磁除铁器一般挂在手动单轨行车上，当带式输送机停止运行后，将除铁器移至金属料斗的上方，断电后，将铁件卸到料斗里集中清除。悬吊式电磁除铁器也可挂在电动单轨行车上，行车在工字梁上定时移动，以便离开带式输送机卸下吸出的铁件。悬吊式电磁除铁器也可用气缸推动，定时作往复移动，使铁件卸入挡板旁侧的落铁管中。除铁器用钢丝绳悬吊在梁上或装于小车上。盘式除铁器的缺点是，许多电厂都不得不用人工来清理所吸出的铁块，并且吸铁时可能造成输送带纵向划破。这种情况通常是在长的铁件一端被盘式电磁铁吸住，同时另一端抵住运动着的输送带时发生的。

4. 控制方式

（1）当将盘式除铁器就地控制箱工作方式操作开关设置在“程控”位置时，盘式除铁器采用PLC微机程序自动控制；

（2）当将控作方式选择开关设置在“就地”位置时，盘式除铁器采用就地手动。

5. 运行

（1）启、停操作。

1）将就地控制箱上控制开关选择至“本地”位置和“手动”位置；

2）在除铁器所对应的带式输送机尚未启动之前，按“吸铁”按钮启动除铁器；

3）按“移出”按钮，移出除铁器；

4）按“停止”按钮停止除铁器，清除铁器；

5）按“返回”按钮，返回除铁器。

（2）运行中的检查及注意事项。

1）带式输送机启动前应先启动除铁器；

2）带式输送机停止后除铁器跟着停止；

3）除铁运行时禁止在除铁器弃铁区周围逗留。禁止在盘形除铁器工作区域停留或其他工作；

4）清扫工作必须在除铁器停运时进行；

5）除铁器应定期断电，清除其上面的灰尘；

6）运行中应经常检查电磁铁温升情况，发现温度过高应停机，查实原因并及时处理；

7）运行中应检查悬挂装置是否剧烈摇摆；

8）运行中不得碰伤电缆，也不得冲击和拉紧电缆；

9）因除铁器周围有较强磁场，故严禁手执锐利铁器者靠近，执有手表或其他仪表者也不得靠近。

三、带式除铁器

带式除铁器是近年来发展起来的新型除铁设备。它能清除带式输送机煤中的铁磁性杂物，可连续运行，自动弃铁，电磁铁靠风机冷却，吸铁距离大，除铁效率高，可以就地操作和实现远方集控和自动控制。

1. 工作原理

当皮带上方所送物料经过电磁箱下方时，混杂在物料中的铁磁性物质在强大磁场吸引力的作用下被吸附在弃铁皮带上，被带到磁系边缘，靠铁磁性物质的惯性和重力将其抛落在集铁箱内，从而达到自动连续消除煤流中铁磁性物质的目的。

2. 基本结构及性能

带式电磁除铁器与火力发电厂燃料运输系统的带式输送机配合使用，保证碎煤机、磨煤机等设备安全运行。为了保证磁铁良好的吸铁性能，需要对电磁铁冷却以控制混升。根据冷却方式的不同，带式电磁除铁器可以分为自冷、风冷和油冷三种形式。自冷电磁除铁器对电磁铁采用自然通风冷却，适用于工作环境稳定、气温不高的场合；而风冷电磁除铁器和油冷电磁除铁器有冷却介质对电磁铁进行冷却，控制温度以保证磁场磁力强度。

带式电磁除铁器是由励磁系统、传动系统、冷却系统和控制系统组成。励磁系统包括励磁线圈、导磁铁芯、磁板以及接线盒，其主要功能是形成具有一定磁场强度和磁场强度梯度的磁场。传动系统包括电动机、减速机组、主/从传动滚筒、托辊和弃铁用输送带等，其主要功能是将从煤中分离出来的铁磁性异物通过输送带送到弃铁箱。冷却系统包括散热表面、冷却风机或油泵；自然冷却方式依靠空气的自然对流和散热面的热辐射带走励磁系统产生的热量，适用于工作环境稳定、气温不高的场合；强制冷却依靠受迫流动的流体带走励磁系统产生的热量，风冷适用于灰尘较小的场合，油冷适用于灰尘较大的场合。是RCD系列带式电磁除铁器结构示意图如图6-11所示。带式电磁除铁器悬挂在输煤皮带的上方，励磁系统在其下方形成可穿透煤层的磁场，当夹杂有铁的煤经过磁场区域时，在磁力的作用下，混杂在物料中的铁磁性物质被吸附到除铁器的皮带上，并随着皮带一同运动。当运行到无磁区时，铁件在重力的作用下随惯性抛出。除铁器的工作由控制系统管理，控制系统分别设有就地手动操作和远程控制装置，为实现输煤系统自动化提供了良好的条件。

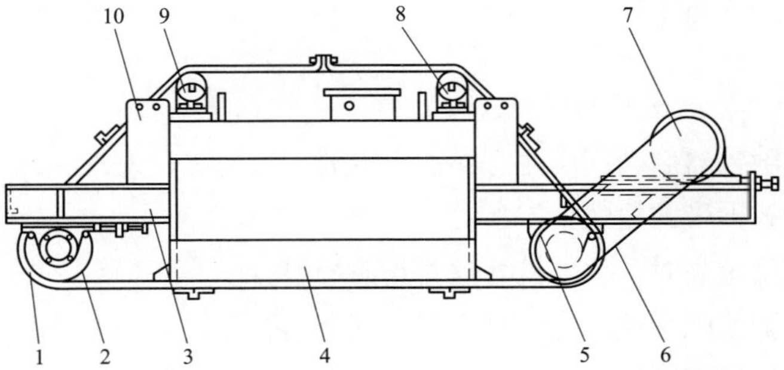

图6-11　RCD系列自冷带式电磁除铁器结构图

1—弃铁胶带；2—从动滚筒；3—型钢支架；4—电磁铁；5—主动滚筒；6—大链轮；7—电动机；8—减速机；9、10—支持托辊

带式电磁除铁器结构紧凑、易维修、皮带可自动纠偏、噪声小、操作简单、吸铁距离大、除铁效率高，可实现集控及连续吸、弃铁。为了保证除铁器的安全运行，其本身的控制系统中有一套连锁保护装置，当电磁铁运行中温度过高（超过160℃时）装在铁芯中的

热敏元件动作，自动切断控制回路电源，停止设备运行。当冷却风机或油泵出现故障时，为了保证铁芯不超温，将自动切断强磁回路控制电源。带式除铁器可单独使用，但与金属探测器配套使用时除铁效果更佳。

输煤系统中的除铁器一般装在碎煤机以前，起保护碎煤机的作用，对要求严格的情况，输煤系统中要装设两级除铁器（碎煤机前后各一级），以保护磨煤机的安全运转。

3. 布置

带式除铁器根据布置现场的实际情况，一般有两种布置方式。一是横向布置在皮带机中部，如图 6-12 所示，二是纵向布置在皮带机头部，如图 6-13 所示。在现场许可的情况下，尽量采用纵向布置在皮带机头部的方式，这种方式效果较好。

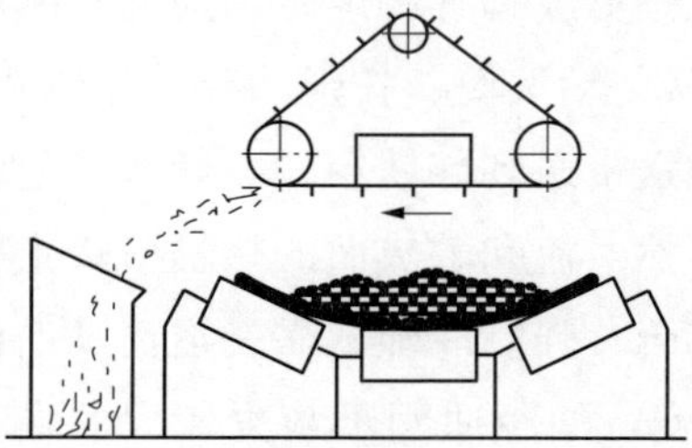

图 6-12 带式除铁器横向布置图

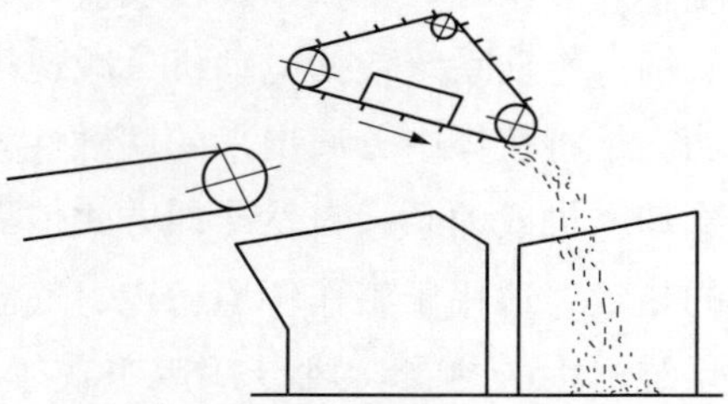

图 6-13 带式除铁器纵向布置图

在这两种方式中，不论采用哪一种，都要注意根据煤层厚度调整好电磁铁与皮带面的距离，以获得较好的除铁效果。

4. 控制方式

当将盘式除铁器就地控制箱工作方式操作开关设置在“程控”位置时，盘式除铁器采用 PLC 微机程序自动控制；当将控作方式选择开关设置在“就地”位置时，盘式除铁器采用就地手动。

5. 带式电磁除铁器的运行和维护

（1）带式电磁除铁器启动后应注意弃铁皮带的运行情况，发现跑偏等异常情况时，应及时处理，处理方式同带式输送机。

（2）电磁铁温度过高时，要停机处理并查明原因。

（3）与金属探测仪配套使用时，要定期检查金属探测仪的动作情况，以防误动作。

（4）依据煤流轨迹和铁块被吸引、被抛卸的轨迹，确定电磁铁相对于带式输送机传动滚筒的最佳位置。

（5）运行时注意弃铁胶带的速度，如果胶带速度太低，所吸出来的长铁件容易卡涩在电磁铁和带式输送机的输送带之间，从而损坏胶带。为避免出现这种现象，应提高弃铁胶带的速度，最好提高到 2.0～2.3m/s。

6. 启、停操作及注意事项

（1）需人工清理粘在卸铁皮带上的杂物，要先将相应的输煤皮带和除铁器切断电源；

（2）人不能在运行的除铁器附近逗留；

（3）在除铁器所在带式输送机启动前，启动除铁器；

（4）将操作开关切换到“就地”位置，按“启动”按钮，启动除铁器；

（5）不允许在系统设备启动以后，再启动除铁器；

（6）停止时按“停止”按钮。如遇特殊情况，可按“急停”停止，然后顺时针旋转“复位”开关，将操作开关切换至“程控”位置并向程控值班员汇报；

（7）注意带式输送机打滑及跑偏；

（8）定期对轴承皮传动链条加油；

（9）运行中不要身带铁器接近磁场源，也不能直接用手清除吸附上来的铁件。

7. 带式电磁除铁器的检修

（1）冷却风机的检修。

1）检查风机叶轮与风筒之间的间隙为2mm，叶轮安装角度误差不大于±10°。

2）固定螺栓不得有松动现象。

3）叶轮振动超过额定值时，应及时检修、调整。

4）风机座与风筒之间垫板应自然结合，不平整时应加垫片调平，但不应强制连接。

5）风机叶轮键连接不可松动，叶轮与风筒之间不能有相碰现象。

6）风机轴承应润滑良好。

（2）单机蜗轮减速器的检修

1）检查蜗杆、蜗轮的磨损情况，对磨损严重或因损坏而无法修复的应更换。

2）检查轴承的磨损情况。

3）消除机壳和轴承盖处的渗漏油。

4）检查减速器的油量是否符合要求。

5）检查机壳是否完好，有无裂纹等异常现象。

（3）弃铁胶带的检修

1）弃铁胶带接头搭接长度为690mm。三阶梯式硫化胶接（热交接），硫化温度为140℃。硫化压力为1MPa，硫化时间为20min。如采用冷黏方式时，要保证接口质量，接口处平顺整齐。

2）带齿为橡胶齿时，如胶带采用冷黏法胶接，胶接后带齿与胶带轴线不垂直度不大于5mm；带齿为不锈钢时，与胶带采用铜螺钉紧固。

四、滚筒式电磁除铁器

滚筒式电磁除铁器是一种旋转式永磁除铁器，可兼作带式输送机传动滚筒使用。该产品分为两大系列，适用于带宽500～1800mm，具有DTⅡ型和DT7型传动滚筒相同的外形和安装尺寸。滚筒式电磁除铁器与悬吊式（带式、盘式）电磁除铁器相比，能吸出较多的铁块，特别是当来煤水分高的时候。在这种情况下，由于悬吊式电磁除铁器不易吸出胶带上煤层底部的铁件，利用滚筒式除铁器则可有效地吸出这一部分，如将悬吊式与滚筒式两者结合使用，则吸铁效果更佳。

使用滚筒式电磁除铁器时，不能装设头轮刮板清扫器，以免吸附于带式输送机上的铁件被刮下，仍落入溜煤管中。铁件输送带的清扫器不能直接装在传动滚筒处，否则会妨碍所吸出的铁块抛入落铁管。

滚筒式电磁除铁器可以比较容易地分离出煤层下面的铁件。因此，一般将悬吊式和滚筒式两种配合使用。

五、华能秦煤瑞金发电有限责任公司除铁器——盘式除铁器简述

华能秦煤瑞金发电有限责任公司采用的是盘式除铁器。为了避免铁块进入碎煤机、磨煤机造成设备损坏，本工程设 4 级除铁器。其中第一级除铁器，布置在出翻车机室的 T1 转运站及出汽车受煤站的 T2 转运站；其余 3 级除铁器分别布置在煤场出口、碎煤机室进口及煤仓间转运站。

1. 盘式除铁器的主要特点

本型号电磁盘式除铁器主要由励磁线圈、磁芯、侧磁板、磁极掌、填充材料，接线盒等组成。当电磁线圈通入直流电后，在磁极气隙中产生强磁场，当输送带所送物料经过电磁铁下方时，混杂在物料中的铁磁性物质在磁场力的作用下，向电磁铁方向迅速移动，并被电磁铁吸附，从而达到除铁的目的。

因此，电磁式盘式除铁器主要是利用通电线圈的电磁特性和铁的高导磁率这两个物理现象来实现的。

2. 盘式除铁器启动前的检查

（1）就地检查检修工作已全部结束，缺陷已消除，工作票已严格按有关规定终结，设备周围的垃圾、杂物已清理干净。

（2）盘式除铁器就地控制柜电源正常，各按钮指示灯正常，无故障显示，选择开关位置正确，具备启动条件。

（3）盘式电磁除铁器上无杂物，无铁件，行走行程内无障碍，悬吊高度符合要求。

（4）悬吊杆应牢固完好，各部分连接螺栓无松动、脱落，除铁器平稳，位置正确，无明显倾斜现象。

（5）检查各安全保护装置完好，动作可靠，联锁正常。

（6）除铁器行走电动机正常，传动装置完好，行走轨道正常，无变形现象。

（7）弃料箱或小车应在规定位置。

3. 常见故障及处理方式

电磁盘式除铁器常见故障及处理方式见表 6-1。

表 6-1　电磁盘式除铁器常见故障及处理方式

故障	故障原因	故障处理
除铁器不前行或不返回	（1）行车电动机故障； （2）行车电动机交流接触器损坏	汇报程控员，通知检修处理
除铁器返回不到位	（1）限位坏； （2）拖缆滚轮掉轨； （3）电机突然断电	汇报程控员，通知检修处理
吸铁能力减弱	吊高或倾角位置有变	对吊高或倾角做相应调整
无法励磁	（1）硅整流器击穿； （2）控制回路熔丝熔断； （3）直流侧短路； （4）交流接触器损坏	（1）更换交流接触器，检查回路与电磁连接部分； （2）立即停机，联系检修人员处理； （3）调整运行方式，未投用而带式输送机必须运行时，做好防止胶带撕裂措施
绝缘电阻变小	绕组受潮	通电加温
故障	故障原因	故障处理

第二节　犁　煤　器

一、犁煤器结构和工作原理

1. 犁煤器的结构

犁煤器是由电动机、电液推杆、行程开关、支架、犁刀等组成。

2. 工作原理

电动机带动电液推杆来控制犁煤器的抬起和降落，完成向各原煤仓配煤的工作。

3. 三位制犁煤器

三位制犁煤器当需要给皮带两侧的落煤管输煤时，犁煤器落下，挡板通过液压推杆下压与犁头配合组装，煤流通过犁头与挡板共同阻挡，煤流掉落到落煤管中，当需要给皮带上方输煤时，通过伸缩电动机将伸缩杆缩短，摆架将犁头提起，煤流通过犁煤器后向皮带上方运输，当需要同时给落煤管和皮带上方的机组送煤时，伸缩杆伸长，将犁头下落到皮带上方与皮带接触，启动液压机，液压推杆缩短，将挡板从犁头上提起，犁头将部分煤流挡落到落煤管中，其余煤流漫过犁头开口，继续向皮带上方运输，实现了对多个机组同时送煤的需要。

4. 单侧双向犁煤器

单侧双向犁煤器指犁煤器为单侧犁，但可任意切换左侧犁或右侧犁，切换进入输煤程控。

二、启动前的检查

（1）电动推杆支座及犁煤器各部位固定螺栓无松动，各焊接部位无开焊、裂纹等现象，限位开关完好无缺。

（2）犁煤器刀口平滑无尖锐毛刺。

（3）受料斗无黏煤、堵煤。

（4）电动推杆接线良好，电缆无破损及抬落操作按钮完好，空负荷操作检查犁煤器抬落，应平稳、无异常现象。

（5）推杆及犁煤器之间连接销子无脱落损坏现象。

三、运行中的注意事项

（1）正常运行时犁煤器由程控室操作，当煤位信号不准确无法实现自动时，可以在就地操作。

（2）注意观察料仓的煤位，发现煤位合适时应及时抬起犁煤器，以防溢煤。

（3）落犁时的下部刀口刚与胶带上覆盖胶接触为宜，不宜压得过紧或不到位，以防损坏胶带或撒煤。

（4）运行中若发现推杆伸缩卡阻，电动机声音异常，应立即按下停止按钮，停止操作。

四、常见故障处理

犁煤器的故障处理见表 6-2。

表 6-2 犁煤器故障处理一览表

故障名称	原因	处理
运行中煤仓满但犁煤器抬不起来	（1）MCC 柜内熔丝损坏； （2）电动推杆接线回路故障； （3）按钮接触不良或故障失灵； （4）推杆与犁煤器连接销子损坏致使两者脱节； （5）有干扰信号导致控制失灵	若该犁前方有未满煤仓，可落下未满煤仓上部的犁煤器，维持运行，否则应立即停止胶带机运行，汇报程控员，再进行处理
犁煤器落不下	（1）电动推杆机械部分被卡，过力保护动作； （2）电动机落犁按钮接线不良或本身故障； （3）MCC 柜内熔丝损坏； （4）有干扰信号导致控制失灵	检查犁煤器是否有异物卡阻，消除卡阻后重新落犁，若仍落不下，则应立即停止操作，汇报程控员，通知检修检查处理
犁煤器抬落一定位置后，操作停止按钮停不下	（1）停止按钮故障或接线不良； （2）电气部分故障	汇报程控员，通知检修检查处理，必要时应将就地操作箱内该犁的操作保险取下

续表

故障名称	原因	处理
操作时推杆电动机声音异常	（1）推杆被卡，致使电动机过负荷； （2）电动机缺相运行； （3）推杆与犁连接不当，出现蹩劲现象	停止操作，汇报程控员，通知检修人员检查处理

第三节　煤　挡　板

一、概述

在火电厂输煤系统中，带式输送机通常是双路布置。为使一台带式输送机上的煤，能随意地分配到另一台带式输送机上或其他专用设备上，在带式输送机头部卸煤处设有两道或三道落煤管。煤挡板在落煤管中起切换作用，它由挡板和执行机构所组成。

二、结构

煤挡板是由两块焊接的钢板、转动轴及转动轴两端的轴承座组成。钢板与转动轴配合，轴承座起到固定支承轴的作用，两轴承使轴转动灵活。两块钢板厚度一般为 8～10mm，为了耐磨，可在受料面镶装耐磨材料。

三、执行机构

煤挡板的执行机构有电动、气动和手动三种形式。大部分电厂采用电动和手动执行机构。气动执行机构一般用在切换较频繁的场合，而手动执行机构一般用在不需要频繁切换的地方，或作为备用方式使用。执行机构的操作可以实现集中控制，也可以换为就地手动操作。

1. 电动执行机构

电动执行机构中有采用电动推杆式的，也有采用电动机经减速器减速后，通过链条带动丝杆传动的。前者是后者的组合件，一般电厂均采用这种电动推杆型式。电动执行机构的缺点是倒换时间长，一般为 1min 左右。因而一般将电动执行机构布置在相对于气动机构来说动作不太频繁的地方。

2. 气动执行机构

气动执行机构也有很多形式，主要是根据气缸的形式及控制操作气缸的部件不同而有所区别。有的气缸直接传送行程；有的气缸则先传送转矩，而后由曲壁将扭矩转变为行程。ZSL 型气动长行程执行机构属于前者。这里着重介绍后者的结构及动作过程，其结构如图 6-14 所示。气动执行机构主要由气缸、气源、气控换向阀、连杆等组成。因为气动

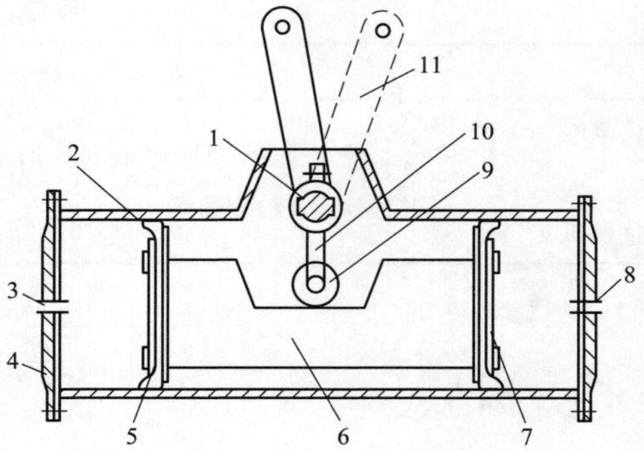

图 6-14 气缸结构简图

1—输出转轴；2—气缸外壳；3—气孔；4—压盖；5—支碗；6—活塞；7—皮碗压盖；9—滚动轮；10—曲臂；11—外部曲臂

压强一般为 0.392～1.47MPa，而当气体压强作用在一定面积上时，必须产生力的作用，若操作气控换向阀，使气体从气孔进入卸体左部时，即在活塞上产生一个压力，使活塞向右移动，从而带动滚动轮曲臂运动，曲臂与输出转轴连接，因此传递给轴一个扭矩使其转动，并且连动外部曲臂和连杆运动，使其扭矩转化为行程，来达到挡板的倒向切换。若操作气控换向阀，使气体从左侧进入气缸体时，其动作过程与上述相反，左侧缸体内的气体被压回气源处。倒换时间短，一般为 3～4s，是气体执行机构独特之处，所以经常用于配煤间落煤管挡板切换。气动执行机构也有缺点，即需要辅助气源。各种挡板在切换前，一般要注意清理挡板上的积煤及杂物，防止挡板倒不动或倒不到位。

第四节 电子轨道衡

一、概述

动态电子轨道衡，是一种列车动态自动化称重设备，适用于需要对标准转矩四轴货车进行称重的任何单位。它既可以用于连挂动态称重，也适用于不连挂的溜放式动态称重，还可作为静态称重设备使用。由于在二次仪表中引入了微处理机系统，因此可以方便完成全模拟、无开关、自动称重判别。采用先进的软件程序进行数据处理，提高了整套衡器的精度。称量结果可汉字显示和打印，并可以长期储存在微机中，以便随时统计查询。同时还可以提供一个内容丰富的应用程序库，可以方便地完成自动去皮、制表、打印计量单、日统计、月统计、年统计等功能。可见，电子轨道衡称重速度快、效率高、操作简便，为火车进厂煤的准确计量，加强企业管理，搞好经济核算创造了条件。

二、工作原理

当列车在规定的速度范围内通过秤台时，每节车辆的重量依次作用于秤台，车辆的重量通过秤台、主梁体传递给压力传感器和剪力传感器，组合传感器将被称重量及车辆进入、退出秤台的变化信息转换为模拟量电信号（电压信号），输出至数据采集系统进行电信号放大、滤波、规范化处理等，然后将模拟信号转换为数字信号（A/D 转换），再把转换成的数字信号通过并行口输入微型计算机内，计算机按规定的程序进行处理，将处理结果按要求准确地显示和打印制表。

三、基本结构

GCU-100G 型电子轨道衡是机电一体化设备，由称量台、称重传感器及测量和数据处理系统三大部分组成，如图 6-15 所示。二力合成不断轨动态轨道衡是一种自动对铁路火车实行不停车、不摘钩连续动态称重的大型工业计量设备。通过压力和剪力传感器的组合以及测量过衡车速的变化，准确测量出钢轨上的载荷的大小，经过智能测量系统，计算出车速、节重等数据，并可完成去皮、累计、数据长期储存、制表、打印等一系列相关工作。即可分析装车及车辆状况，还可测出轮重、偏载、超载等参数。压力及剪力传感器将所称车辆重量转换为电压信号，经过放大、滤波和 A/D 转换，通过并行口送入计算机，由计算机完成数据采集、数字滤波、机车判别、计算节重、速度，并根据车速进行高精度校正补偿工作。车轮重量通过秤体测量区组合传感器，把重量信号按严格的现行关系转换成电压信号。由传感器而来的毫伏级信号经过放大成为低电压信号，再经 A/D 转换后使重量信号进入计算机。称重测量台面系统和称重传感器一般安装在用混凝土浇灌的地坑内，而测量和数据处理系统设置在操作室内。

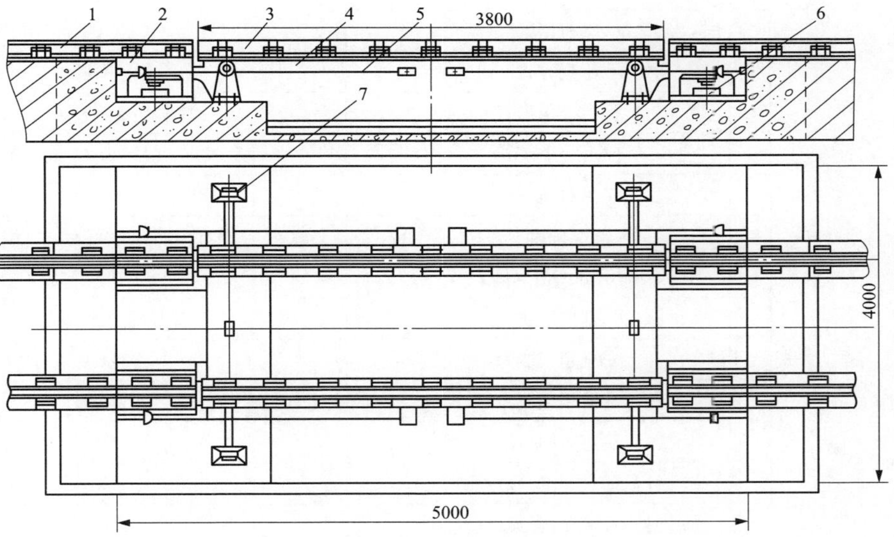

图 6-15 轨道衡台面简图

1—引线轨；2—过渡桥；3—台面轨；4—秤梁；5—纵向拉杆；6—传感器；7—横向拉杆

1. 称量台面

称量台面又称机械秤体，它主要由主梁、纵向限位器、横向限位器，抗扭梁和过渡器组成，作为主要部件的主梁是由厚钢板按箱式结构焊接而成，其他部件均安装在秤体上，主梁通过 4 只压力称重传感器安装在基础的承重架上。两主梁在其中部用抗扭梁联接，使主梁组成了传力准确的联接体。

台面的稳定系统由纵向限位、横向限位和抗扭梁组成。为了减少车轮通过引线轨和称重轨接缝处时产生冲击振动，在4个轨缝处分别接一个桥式过渡器，过渡器一端由转轴固定在过渡支座上，另一端浮动于秤梁上，过渡器中部有一个高于轨缝处的圆弧面，在车轮通过过渡器时，自然绕过横向轨缝，从而减少对称体的冲击振动。

2. 称重传感器

传感器是电子轨道衡中完成“力—电”转换的关键部件，列车通过台面时，车体重量通过车轮作用于称重台面上，再传给传感器，由传感器将重量信号转换为电压信号。

3. 测量和数据处理系统

测量和数据处理一般包括输入调零装置、模拟放大、A/D转换器、运算电路、逻辑控制电路、重量值数字显示器和数字记录（打印机）等单元。

四、主要技术指标

主要技术指标见表6-3。

表6-3　　主要技术指标

项　目		技术规范
轨道衡	整机型号	GCU-100G
	称量方式	动态称量
	秤台结构形式	整体柜架箱形结构
	台面尺寸（m）	长：3.6，宽：2.2，高：0.39
	最大称量（t）	150
	准确度	优于0.5级，可达0.2级
	显示分度值（kg）	10
	基坑形式	有基础，无基坑
	安全超载能力	200%
	承重超载能力	150%
	稳定时间（s）	≤10
	计量通过速度（km/h）	3～35
	允许的不计量时最大通过速度	不限
	消耗功率（W）	450
	输出方式	液晶显示
	识别方式	全模拟无开关识别
	操作方式	WINXP操作平台
	传输方式	有线
	防雷性能	二级防雷性能优于CCITT标准要求
	质量（单台总质量）（t）	7
	质量（称量台面质量）（t）	6.8
	质量（电气等部件质量）（t）	0.2

续表

项目		技术规范
轨道衡	电源条件（V）	220
	工作条件	室外设备
	环境温度（℃）	−30～±70
	相对湿度	＜95％
称重传感器	型号	C16D1/30
	制造厂家及国别	HBM
	数量（只）	4
	额定荷重（t/只）	30
	灵敏度（mV/V）	1
	重复性	＜0.03％
	滞后	＜0.03％
	非线性	＜0.03％
	蠕变	＜0.03％
	温度补偿范围（℃）	−30～70
	工作温度范围（℃）	−30～70
	灵敏度温度系数	＜0.03％/10K
	输入阻抗（Ω）	650±10
	输出阻抗（Ω）	610±1
	绝缘电阻（MΩ）	＞5000
	激励电压（V）	10
	安全过载	150％
	极限过载	400％
	防护等级	IF68
	供桥电压（V）	10
	称重通道	嵌入式轨道衡通道
称重显示仪表	称重通道型号	RWT-800
	制造厂家	东方瑞威
	显示范围与量程	−32 768～32 767
	A/D转换形式	软触发，中断方式
	最大A/D分辨率	1/65 535
	供电电压要求（V）	220
	功率（W）	＞25
	质量（kg）	约3
	相对湿度	＜60％
	使用温度范围（℃）	−20～70
	数据输出接口	串口
	仪表自备打印机	惠普
	打印格式	连续

五、运行

1. 运行操作

（1）计算机启动后自动进入 Windows2000 系统，双击桌面上的“轨道衡 V2001”图标，进入轨道衡工作状态，出现所示的称重主界面，此时可通过用鼠标操作各菜单或相应的快捷按钮来完成各项操作；

（2）在称重菜单中，选择其中的子菜单可进入动态或静态计量状态。

2. 动态计量

动态计量的功能主要是实现对铁路货物列车不停车、不摘钩动态逐节自动称重计量。进入动态计量的方法有两种，操作者可任选其一：在主界面菜单栏中单击“称重”菜单，出现的菜单中单击“动态计量”；也可以通过打开“设置”菜单，把其中的“动态参数设置”中的“系统启动进入”项设为“动态计量”，使软件启动后自动进入动态计量状态。进入计算机出现“动态计量界面”。动态计量窗口，窗口的左上部的数字框，用于显示台面空秤台重量（如果为双台面，则有两个数字框），窗口中部，是五个用于显示过衡重量和速度的数据框，窗口的下部是过衡实时采样数据的波形图。

动态计量主画面按钮介绍：

（1）空秤重量：“动态称重”主界面后，此处随时动态显示秤台重量，随秤台重量变化而变化。整列空车出轨道衡后。

（2）收尾：按此按钮可完成称重，过衡数据以年、月、日、时、分、秒为文件自动储存，并进行数据储存，自动进行日志的填写。

（3）暂停：当称重列出由于某种原因必须在轨上停车时，按下此按钮，当列车要继续前进时再按下此钮即可，这样可以保证混编列车在停、退时的准确计量，它对于编组站，驼峰处的计量非常有用。

（4）设置：可以完成动态参数的设置，详见后面“动态参数设置”的说明。

（5）模拟：按下此钮，可以根据列车多衡时储存的随机数模拟过车，使当时过衡情况再现，用以帮助用户分析以往过衡数据，防止数据作弊。

（6）分析：原始过衡数据波形的分析（见数据追溯部分）。

（7）计数器：按下此钮，屏幕上出现计数器，可以进行数据计数。

（8）返回：按此钮后，系统退出动“动态称重”返回主界面。

（9）数据输入：可完成除称重列车的毛重、速度之外的其他信息的录入工作，如：可以进行车号、发站、皮重、品名等项的出入单击该菜单会出现“存盘数据文件选择对话框”，通过修改数据日期选择所要处理数据的文件名，然后按“数据输入”进入输入状态，分别进行各项输入。其中的“更新文件名”菜单可以对已存盘文件名进行更改。

（10）日志浏览：它记录里所有过衡数据存盘情况，如过衡日期、时间、所存文件、列车节数、台面零点、值班人员信息，单击该菜单即可浏览。

（11）当前打印：单击它可以打印最后一次过衡数据。

（12）数据追溯：数据追溯功能把原始过衡数据以波形的方式存储，以防作弊。要想进入波形绘制界面有以下三种方法：在程序主界面上单击；在“维护”菜单中选择“数据分析”；在动态计量界面上单击。

在过衡时间选择框中选择要查询数据的过衡时间，被选时间出现在右侧的蓝色条框中，接着单击绘制按钮，波形就在界面上方显示出来，因为一列车由多节组成，界面有限不能把多节车的波形一屏显示出来，所以要通过单击下一幅、上一幄、最后一幅按钮来查看；通过横向比例和纵向比例选择框右侧的向下箭头选择波形显示比例，要查看哪能节车的重量，在这节车波形的起始位置单击左键出现红色竖线，在终止位置单击右键出现绿色竖线然后按数字键盘上的 1，在界面右下方的前架后面会显示本节车前架重量，按数字键盘的 2 软件会自动计算出后架重量，单击 3 出现总重，单击逻辑按钮进行逻辑验证；如果使用单位过衡数据产生疑义时可把以上的波形图通过网络发给我单位，软件人员可以根据此波形来分析过衡数据是否符合逻辑和轨道衡运行是否正常等。

六、维护

为了使电子轨道衡正常工作，保持应有的精度、灵敏度、自动称量功能以保证列车通过秤台时的安全，必须进行经常维护和检修。除按检定周期进行定期检定和定期进行大、中、小修以外，在使用管理方面必须配备专门的操作人员和维修人员，负责电子轨道衡的使用操作和日常维护管理。

在使用和保养中须注意下列事项：

（1）轨道衡台面部分受车辆长期频繁通过，连接各部分的螺栓容易松动，必须定期检查，特别是过渡器、台板面压板等部件的固定螺栓、每星期必须检查一次。

（2）注意保持台面的高度和水平，经常启动高度调节器，保持台面不得有较大下沉量，以保证过渡器的正常位置。

（3）每班必须清扫台面，擦拭各零部件，尤其要保持限位装置的清洁、润滑良好，及时清除落在其上面的煤灰和煤渣。基坑内不得有积水和煤灰，并要保持干燥。

（4）轨道开关（包括接近开关和光电开关），应保持正常位置和良好工作状况。每加重一列车后，必须进行清扫，擦拭和调整。

（5）称量时，列车应按规定速度匀速度地通过台面，尽量不要在通过台面时可速或减速，尤其要避免刹车，不允许列车在轨道衡的线路上进行调车作业，不称量的车辆不要从台面上通过。

（6）传感器及其保温装置应保持长期通电。传感器的供振电压必须每班检查、调整，模—数转换器在使用前要提前接通电源，以保证在测量前有足够的预热时间。

（7）对没有自动检查装置和调整系统的电子轨道衡，在称量前应将无荷重时台面重量指示值调到零位，每次称重后必须检查空秤示值是否仍为零，避免零点飘动造成的称重误差。

（8）操作人员离开操作室时，应将轨道衡的电源切断，启动休止装置将台面顶起，以保护测重传感器。

七、检定

检定工作包括技术检查、静态称量检定、感量检定和动态称量检定。检定周期为一年。静态检定是用质量为满量称 20%、60%、100%的三辆标准车在台面上不联挂情况下静态测量。感量检定是检查秤台的灵敏性。动态检定采用 T60 型检测车组成动态检衡车，按 5 种车类编组，由机车以规定速度牵引、推、拉通过台面 10 次，测出 40 次结果误差及零点示值误差，测量结果不得超过允许的规定。

八、故障现象及排除

（1）称重过程中显示的数值变化大或漂移：首先检查设备接地是否良好，用数字表测量接线盒内的传感器供桥电压及传感器输出信号是否符合要求，传感器供桥电压不稳定或漂移则表明称重仪表的供桥电压源坏，则应修理称重仪表；如果传感器输出信号不稳定或漂移，则可能是传感器坏，确认无误后，应予以更换。

（2）增益误差的调整：轨道衡在长期使用过程中，由于温度、湿度、器件老化及参数值变化等原因会对设备的精度产生一点偏差，一般都在允许的范围内，复检时可以调整；当设备突然出现很大误差时，不可轻易调整增益，这时应对称重仪表及机械秤台各部分的线路进行检查，找出问题并处理。

（3）显示数据紊乱、不打印或打印错误：首先应判断工作软件是否有人改动，计算机参数设置错误或感染病毒、打印机参数改变，以及接线端松动等造成，这时可采取拧紧接口螺栓、对计算机杀毒、查看参数设置是否正确及拷贝程序备份。

（4）台面零点增加：检查过渡器是否能够活动自如、是否有异物进入秤梁与基座框架的间隙中；传感器是否偏斜，台面轨标高是否正常。

第五节 电子皮带秤

一、概述

皮带秤是对散装物料在带式输送机输送过程中进行动态称量的设备。它的读数直接反映进入锅炉的煤耗量，是衡量火电厂的重要经济技术指标。皮带秤有机械式和电子式两类，机械式皮带秤因秤量精度低，误差大，检修困难，现已被电子皮带秤所代替。

电子皮带秤同机械式皮带秤相比，体积小，结构简单，响应快，精度高，工作可靠，维修方便，容易实现远方控制和自动控制。近年来，随着微机技术的应用和传感器技术的发展，出现了微处理机控制的高计量精度的电子皮带秤。

二、工作原理和秤的分类

1. 工作原理

电子皮带秤通常布置在皮带机的中部，用它可以称量出在一段时间内走过的物料总量，也可以称出瞬时物料流量，因此需要同时测量单位长度上物料重量和皮带走过的距离。其工作原理如图 6-16 所示，用电子皮带秤的称量托辊去替换皮带机的一组（或两组、四组）托辊，使皮带上物料重量通过秤架压到称量传感器上，传感器则将重量转化为电信号送到仪表。另外运输量还和皮带速度成正比，速度传感器将皮带速度转化为电信号送到仪表，仪表则通过计算得出物料运输总量（累计量）和物料流量，如图 6-16 所示。

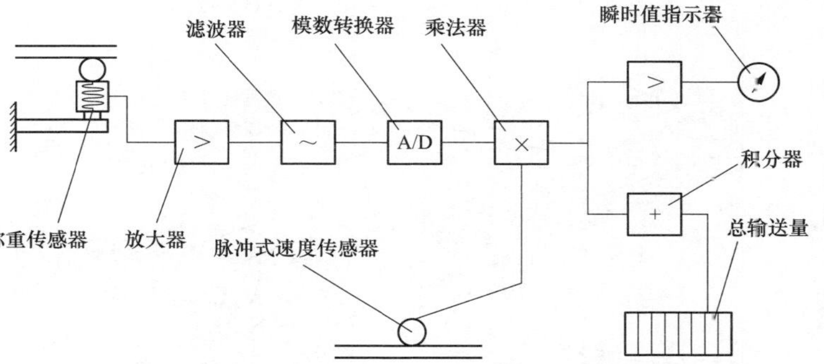

图 6-16　电子皮带秤工作原理

皮带输送机的输送量 Q 与物料在有效称量段内的载荷 P 及皮带速度 v 成正比，在时间 t 内可表示为

$$Q=K\int_{O}^{1}Pv\mathrm{d}t\ (K\ 为转换系数)$$

式中，P 由称重传感器测出，v 由速度传感器测出。皮带秤仪表就是为完成以上计算任务而设计用的专用仪器。

皮带秤的称重传感器及测速传感器的信号进入称重仪表后，经放大、滤波、A/D 转换后并进行积分，在仪表屏幕上显示其流量及累重，该仪表数据还经通信板传到工控机，由工控机对其数据进行采集形成各种报表供查询和打印，除此之外，工控机还可实现对仪表的遥控操作，并以中文形式显示在上位机上。

2. 秤的分类

皮带秤的种类很多，其分类方法也不同。按秤架结构形式进行分类，有单托辊式皮带秤、多托辊式皮带秤、平行板式皮带秤和悬臂式皮带秤；按主控机仪表结构特点分类，有模拟式皮带秤、数字式皮带秤和微机式皮带秤；按称重器的原理分类，有电阻应变式皮带秤、差动变压器式皮带秤、压磁式皮带秤和核子式皮带秤等。燃料运输系统中常用的是以电阻应变片为传感器变换元件的电子皮带秤。

三、结构与作用

电子皮带秤是由秤架、称重传感器、测速传感器、信号放大器、主控机及输出设备组成，如图 6-17 所示。

（1）秤架：由固定秤架、称重托辊及托辊架、秤架支承系统等组成。它的作用是当输送带上物料通过称量段时。把压力传递给称重传感器。输送带上物料连同输送带对称重托辊产生压力，该压力通过称重托辊架，秤架等传递给测重传感器，测重传感器输出一个与重量成比例的电信号。

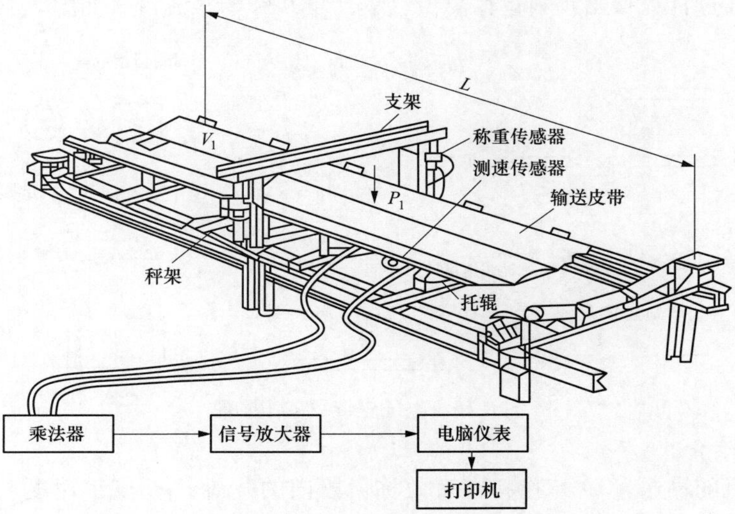

图 6-17 皮带秤的组成

（2）测重传感器：是利用电阻应变原理进行工作，将外力的作用转换成线性变化的电信号。当秤架上的重量发生变化时，秤架传递给测重传感器的压力也发生变化，传感器在这个压力的作用下，应变片电阻值发生变化，产生电信号输出，该信号正比于外力。

（3）测速传感器：是用于测量皮带在输送物料时的瞬时速度。当皮带传动时，安装在回程皮带附近的测速传感器（多为测速发电机），通过转动传递装置，将皮带的速度传递给测速传感器，传感器发出连续的正比于皮带速度的脉冲信号。

（4）电子控制器：包括信号放大器、A/D 转换器、信号处理器等。当测重传感器和测速传感器的信号经过放大和 A/D 转换后输入信号处理器，由信号处理器进行分析处理，显示出皮带的瞬时输送重量和最后的累加输送重量，必要时还可以进行打印输出。

四、主要技术参数

华能秦煤瑞金发电有限责任公司共采用 2 台电子皮带秤。双路带式输送机，每路各设一套电子皮带秤及循环链码校验装置。安装位置在 C9AB 胶带机中部，2 套电子皮带秤及循环链码校验装置安装在皮带机栈桥内，栈桥采用水冲洗，环境潮湿、煤尘大。C9AB 带式输送机参数：$B=1200$mm、$v=2.5$m/s、$Q=1200$t/h、理论带面高 1200mm、倾角 14.6°，双路布置，两胶带机中心间距：3200mm。托辊槽角 35°，托辊直径 ϕ159mm (DTⅡA 型)。其主要技术参数见表 6-4。

表 6-4　　主要技术参数

项　　目			技术参数
安装地点			9 号带
数量		台	2
适用带宽		mm	1400
胶带输送机槽角			35°～45°
带速		m/s	2.8
电子皮带秤精度			±0.25%
计量范围		t/h	0～1700
工作温度范围	皮带秤系统	℃	−10～+55
	称重仪表	℃	−10～+50
皮带接头形式			坡口硫化
输送机托辊间距		m	0.6
输送机托辊直径		mm	ϕ133
输送机安装角度			16°
信号传输距离		m	0～300
适用胶带型号			适应各种型号
电源电压		V	AC 220

五、安装位置

电子皮带秤是一种动态计量设备，它的计量精度与许多因素有关。除了皮带秤自身的设计制造质量之外，在很大程度上取决于安装位置和安装质量。因此，皮带秤的生产厂家都要提出具体的要求。在确定安装位置和调整时应注意以下问题。

(1) 电子皮带秤尽量安装在水平区段，水平段的长度不小于 8 组承载托辊组的间距。将皮带秤安装在中间两组承载托辊的中间，即保证两组称重托辊的前后至少应各有 3 组水平段的承载托辊。

(2) 应安装在输送带张力和张力变化最小的地方，即最好靠近输送机尾部。但要注意，称重托辊应远离装料点，距导料槽出口 6m 以外，或不小于 2～6 倍的带速。为保持输送带张力恒定，一条胶带最好只设置一个装料点。

(3) 有凸形曲线轮廓的输送机，装料点与称量托辊之间不应有弧形，称重托辊至弧形起点之间不少于 6m。

(4) 称重托辊及其前后共 8 组托架的径向跳动小于 0.5mm（要求高的皮带秤为径向跳动小于 0.2mm 和锥度小于 0.1mm）。如果不满足要求，应修复外圆至要求精度。8 组中选择精度较高的 2 组作为称重托辊。

(5) 称重托辊及其前后共 8 组托辊之间的纵向轴线不平行度小于 0.5mm，并转动灵活。

(6) 露天输送机，风载对皮带秤的计量精度影响很大，应设置防雷防风措施。

六、标定

电子皮带秤这装调整之后，必须经过仪器标定才能保证仪表指示值与实际值一致。这里介绍模拟标定和实物标定两种方法。

1. 模拟标定

(1) 挂码标定。用厂家提供的标准砝码挂在称量框架的刀口上，开动输送机在一定的时间内记录仪表的操作积累值，并与理论计算值比较，检查两者的差值是否符合技术指标的要求。这种标定方法，往往与实际标定结果相差较大。原因是挂码称量与实物称量时输送带的张力不同所造成的。标定用的砝码精度应比被标定的电子皮带秤的精度高 2～5 倍以上，才能保证标定结果，因此，挂码标定适于考核二次仪表精度和稳定性，而主要不用于评价电子皮带秤在输送物料时称重误差。

(2) 链码标定：把已知重量的滚动链条放在皮带称量段上，将其首端固定后，开动皮带机，经过一段时间后，观察仪表显示值，将该值与理论计算值相比较，看其准确度能否满足要求。这种方法比挂码标定精确度高。

2. 实物标定

用已知重量的物料通过皮带秤，或对在一段时间内通过皮带秤的物料进行高精度称量，用此值与皮带秤显示值相比较，求出误差。这种方法是目前比较准确可靠的标定方法，但花费的人力、物力较多。

七、维护保养

在实际工作中，对电子皮带秤要经常进行维护，以保证电子皮带秤的计量准确。

(1) 要定期清扫秤架和测重、测速传感器的积尘。

（2）要经常检查称重托辊，定期对称重托辊进行润滑，以保证托辊运动时灵活，润滑后要及时校对零点。

（3）活动秤架的支承装置要经常清扫，定期加油，以保证转动正常或防锈。支承件要牢固无变形。

（4）经常检查传感器的固定装置、连接线及活动部分，使传感器处于良好的工作状态。

（5）在进行检修工作时，严禁工作人员在称重段上行走，以防损坏传感器。

（6）经常检查运行中皮带的跑偏量，超过规定时要及时调整。

（7）清扫设备时，严禁用水冲洗测重传感器，测速传感器和放大器接线盒，以防进水，影响设备的正常工作。

（8）皮带的张力应保持恒定，经常检查拉紧装置在正常工作状态。

（9）要经常检查现场接线盒盒盖是否关严，盒内接线有无松动。

八、故障处理

电子皮带秤因结构比较简单，维护工作量小，使用可靠等，在实际中应用比较多，但是有时仍不可避免地出现故障，需要进行检修。现场进行故障检查处理时，工作人员应熟悉电子皮带秤的结构特点、仪表功能、操作方法等，了解有关的技术资料，有一定的专业知识和工作经验。

电子皮带秤常见的故障及处理方法见表 6-5。

表 6-5　　电子皮带秤常见的故障及处理方法

故障现象	产生原因	处理方法
零点发生变化	秤架上有积尘或有异物卡住	清扫秤架上的积尘，取出卡住的异物
	皮带与称重托辊的贴合性发生变化	检查秤架的准直性，必要时进行秤架的调整
	皮带上粘有物料	清除皮带上的杂物
	传感器零漂	调整传感器的平衡
	放大器零漂	调整放大器的工作点
量程发生变化	皮带张力发生变化	检查皮带拉紧装置有无异常
	测速轮异常	检查测速传感器装置
	皮带打滑	检查打滑原因
	称重托辊准值发生变化	检查称重托辊准直性，必要时进行更换
	称重传感器线性度发生变化	检查称重传感器，必要时进行更换
	电子电路故障处	确定故障，请专人检修

第六节 入炉煤自动采样装置

一、概述

按标准要求进行采制样，是电力用煤特性检测中最为重要的环节，是获得可靠测试结果的必要前提。煤是粒度及化学组成都很不均匀的固体物料，从大量的煤中采制出能代表这批煤平均质量的少量样品，就必须采用科学的方法和专用的采制样设备。

煤的采制样分为入炉煤的采制样、火车来煤的采制样和汽车来煤的采制样。入炉煤的采样和制样直接用于进行燃料分析。燃料分析是为锅炉的安全经济燃烧，为提高锅炉热效率和锅炉耗煤计算提供科学的依据。有的电厂用煤来自不同的煤矿，就是同一煤矿的煤质也不尽相同，常常须混煤燃烧，此时燃料分析能提供合理的混煤方案。无论从降低生产成本，还是节约能源以及经济运行，掌握煤的组成和特性都有重要意义。因此，现代的电厂必须作好煤的采样和制样。

采制煤样是从入炉煤中定时地、间断地取出少量煤，经破碎、缩分制成试样。试样分析的结果代表一批煤的品质和特性。为既能取出具有代表性的煤样，又能减轻繁重的体力劳动，就必须在入炉带式输送机上，在一定时间间隔（约 10min 左右）内，采用机械的方法随机地截取一个煤流的横断面，并缩分制成煤样。

先进的自动采制煤样设备，包括以下几个工作过程：从输送带上自动采样、煤中金属的探测与去除、破碎、缩分制样、余煤回送输送带等。

在具有多级破碎的输煤系统，采制煤样设备安装在最后一级碎煤机之后的带式输送机上。采制煤样设备分头部采制煤样和中部采制煤样两种类型。

二、组成

该装置主要由初级采样头，匀料带式输送机，锤式破碎机，输送带式输送机、刮扫缩分器、斗式提升机、集样器、落煤斗、钢架平台、工程机及电气控制系统等部分组成。装置按照子样刮取→煤样均匀传送→破碎→缩分→集样→余煤返回的工艺流程只动采样煤样。

三、技术参数

入炉煤自动采样装置技术规范见表 6-6。

表 6-6　　入炉煤自动采样装置技术规范

技术项目		参数
一级采样机	采样头型式	刮板式
	采样头型号	YCQY-TZ-400/150

续表

技术项目		参数
一级采样机	电机型号	DRE132S4
	电压等级（V）	380
	电动机功率（kW）	5.5
	电动机防护等级及绝缘等级	IP54、F级
	采样头前缘线速度（r/min）	61
	采样头切割煤流时间（s）	约0.1
	采样周期（间隔期）（min）	3～10（可调）
	采样斗开口宽度（mm）	150
	总采样次数	根据用户要求可调
	每小时采样次数	根据用户要求可调
	一次采样量（kg）	5
	采样头材质	采样铲为不锈钢
	采样头数量（台）	1
	采样头制造商	南乐县永昌机械制造有限公司
一级皮带给煤机	给煤机型式	全封闭胶带式
	给煤机带宽（mm）	400
	给煤机速度（mm/s）	120
	给煤机功率（t/h）	3
	驱动型号	DRE80M4
	电压等级（V）	380
	电动机功率（kW）	0.75
	电动机防护等级及绝缘等级	IP55、F级
	给煤机数量（台）	1
	给煤机制造商	南乐县永昌机械制造有限公司
二级皮带给煤机	给煤机型式	全封闭胶带式
	给煤机带宽（mm）	400
	给煤机速度（mm/s）	130
	给煤机功率（t/h）	3
	驱动型号	R77
	电压等级（V）	380
	电动机功率（kW）	1.5
	电动机防护等级及绝缘等级	IP54、F级
	给煤机数量（台）	1
	给煤机制造商	南乐县永昌机械制造有限公司

续表

技术项目		参数
余料返回装置	斗式提升机型号	YCYF-DT
	斗式提升机速度（m/s）	1.5
	斗式提升机功率（t/h）	5
	电压等级（V）	380
	电动机功率（kW）	3
	电动机防护等级及绝缘等级	IP55、F级
	斗式提升机数（台）	1
	斗式提升机制造商	南乐县永昌机械制造有限公司
破碎机	破碎机型号	YCZY-PS-1/2
	破碎机转速（r/min）	900
	功率（t/h）	5
	出料粒度（mm）	≤13
	破碎机锤头使用寿命（h）	≥30 000
	电压等级（V）	380
	电动机功率（kW）	11
	电动机防护等级及绝缘等级	IP55、F级
	破碎机锤头材质	合金
	破碎机数量（套）	1
	破碎机制造商	南乐县永昌机械制造有限公司
缩分器	二级采样器型式	旋转刮板式
	二级采样器缩分比	1：4～1：100可调
	每小时采样次数	可调
	缩分器开口尺寸（mm）	42
	前缘线速度（m/s）	4
	取样间隔	可调
	额定功率（kW）	0.37
	采样铲材质	采样铲采用不锈钢
	电压等级（V）	380
	电动机防护等级及绝缘等级	IP54、F级
	二级采样器数量（套）	1
	二级采样器制造商	南乐县永昌机械制造有限公司
样品收集器	型号	SDCY-S6
	集样罐数量	6罐（另配2罐备用）
	制造商	南乐县永昌机械制造有限公司

续表

技术项目		参数
电控系统	PLC 型号	S7-200
	数量（台）	1
	制造商	德国西门子
	空气开关型号	GV2
	制造商	法国施耐德
其他	接料斗及落煤管材质	不锈钢
	带式给煤机壳体内外材质	Q235-A
	斗式提升机壳体内外材质	Q235-A
	破碎缩分单元外箱体材质	Q235-A
	设备整机质量（t/台）	约 8

四、操作方式

1. 手动方式

将开关柜内运行方式转换开关拨至“手动”位置，然后按启动按钮。采样头手操分为点动和单次采样两种方式，当按“点动”按钮时，采样刮头旋转直至松开按钮；当按“单次采样”按钮时，采样头完成单次采样（按一次，采一次，与按钮被按住时间的长短无关）。

2. 自动方式

（1）自动运行是系统在 PLC 的控制下按程序中默认的参数值进行自动运行的一种运行方式。自动运行时系统启动前期是输煤主带式输送机机在运行。运行方式转换开关切换至“自动”位置，按“启动”按钮。

（2）系统启动方式：依次启动斗式提升机，输送带式，破碎机，带式输送机匀料机，初级采样头。上述设备启动完成后，系统按设定的周期对正在处于运行中的主带式输送机（4 号皮带）进行采样，采取第一个煤样后经设定延时启动刮扫式缩分器并按设定的周期进行缩分。

（3）主带式输送机（4 号皮带）停止运行后，初级采样头停止运行，制样及回料设备继续运行，延时 5min 后，按照匀料带式输送机、破碎机（与刮煤电机同步）、刮扫缩分器、输送带式输送机的顺序，依次停止。

五、操作注意事项

（1）手操结束后应将各开关打在“停止”位置，采样头及缩分器点动手操后，应运行“单次”一次，确保刮斗处于原位。

（2）破碎机工作时严禁对破碎机进行任何清理，调整，检查等工作，严禁打开破碎机进料接斗和出料接斗上的检修门，以免发生危险。

（3）自动运行或集控运行过程中，系统时刻检测各设备的运行状态，如发现有一台设备出现故障，则停止运行并提示故障来源。此时运行人员应查找故障原因，设法消除，如无法消除应通知维修人员或设备生产厂家进行处理。

（4）巡检人员在运行过程中如发现破碎机中有异常声响，带式输送机机跑偏严重等现象应及时停机，待消缺处理后再重新采样。

（5）巡检人员在运行过程中应定期检查匀料带式输送机机输送带上的煤流是否正常，集样罐中的留样量是否正常，如发现异常及时查找原因并予以解决。

（6）巡检人员在设备运行过程中应定期检查各紧固件联结是否可靠，检查各轴承座的润滑情况、三角传动带磨损情况，如发现情况应及时处理。

（7）每次采样结束后，应及时用罐盖将集样罐封口，以防水分损失，同时将另一只集样罐装在留样接管下面。

（8）每次采样结束后，应将破碎机入料口出的积煤清理干净，并将清理出的积煤排出破碎机。入料口的积煤清理完后，应反复启动破碎机 5～6 次，每次待破碎机完全停止后，再启动下一次，利用陲停止时产生的震动清除筛板中的积煤。

（9）每次采样结束后，应将两条带式输送机机的头部清扫器上的积煤清理干净。

（10）每次采样结束并设备清理完后，须将场地清理干净。严禁将工具等物品遗留在破碎机或其他设备中。

（11）匀料带式输送机机和输送带式输送机机的速度以及匀料带式输送机机上的煤层高度调节挡板的位置在系统调试时已调定好操作人员不得擅自改变。

（12）本装置对入炉煤的最大适应水分为 10％，当实际操作过程中发现或凭经验估计来煤过于潮湿时，装置将不能进行正常的采样作业，此时应建议以人工采样来替代机械采样。

六、常见故障排除方法

常见故障及处理方法见表 6-7。

表 6-7　　常见故障及处理方法

故障现象	原因	排除方法
初级采样头原位报警	（1）原位接近开关失灵； （2）发讯盘松动； （3）固定接近开关的螺母松动； （4）大煤块卡杂刮斗出料口； （5）制动电机刹车失灵	（1）更换开关； （2）固定发讯盘； （3）调整开关动作间隙； （4）清除出料口大块； （5）更换电机制动刹车盘
初级采样头过载报警	（1）大煤块卡主出料口； （2）电动机刹车盘不动作	（1）清除出料口大块； （2）检查电动机刹车回路接线

续表

故障现象	原因	排除方法
匀料带式输送机欠速报警	（1）输送带太松； （2）滚筒沾水打滑； （3）发讯接近开关失灵； （4）固定接近开关的螺母松动	（1）张紧输送带； （2）清除滚筒水渍； （3）更换开关； （4）调整开关动作间隙
破碎机堵转报警	（1）发讯接近开关失灵； （2）固定接近开关的螺母松动； （3）三角传动带打滑； （4）来煤水分偏大或有大的异物进入破碎机	（1）更换开关； （2）调整开关动作间隙； （3）张紧传动带； （4）打开破碎腔，清除积煤或异物
破碎机振动异常	（1）转子不平衡； （2）轴承座联结螺栓松动	（1）重新安装环锤； （2）仔细检查，及时拧紧
留样粒度偏大	（1）转子与筛板间隙过大； （2）环锤磨损	（1）调节间隙； （2）更换环锤
破碎机内部异常声响	（1）难碎异物进入破碎机； （2）内部零件松动； （3）内部零件断裂； （4）环锤与筛板碰撞	（1）清理破碎腔； （2）仔细检查，及时拧紧； （3）仔细检查，更换断裂件； （4）调节锤头与筛板间隙
轴承温度过高	（1）润滑油不足； （2）润滑油脏污； （3）轴承损坏	（1）加油； （2）更换； （3）更换轴承
输送皮带机欠速报警	（1）输送带太松； （2）滚筒沾水打滑； （3）发讯接近开关失灵； （4）固定接近开关的螺母的松动	（1）张紧输送带； （2）清除滚筒水渍； （3）更换开关； （4）调整开关动作间隙
刮扫缩分器原位报警	（1）原位接近开关失灵； （2）发讯盘松动； （3）固定接近开关的螺母松动； （4）制动电动机刹车失灵	（1）更换开关； （2）固定发讯盘； （3）调整开关动作间隙； （4）更换电动机制动刹车盘
刮扫缩分器过载报警	电动机刹车盘不动作	检查电动机刹车回路接线
破碎机空载运行或带式输送机机上无煤	（1）匀料带式输送机机进料口积煤； （2）大块煤睹在调节挡板前面； （3）主带式输送机空载运行	（1）清理进料口积煤； （2）抬高挡板调节高度，待大块清除后恢复挡板高度； （3）等待
斗提机电动机不工作	（1）空气开关未合上； （2）过载热继电器或空气开关动作	（1）合上空气开关； （2）检查电动机过载原因，排除故障，复位热继电器或空气开关

第七节 除 尘 装 置

一、概述

输煤系统共有39台除尘器，均采用多管冲击式除尘器。在每条皮带导料槽出口及煤仓处安装有风管，在负压环境下吸附粉尘进入除尘器水箱内净化，达到降低转运站及栈桥内粉尘浓度单位的目的。

二、JJDCC-Ⅱ型湿式除尘器的组成

瑞金电厂使用JJDCC-Ⅱ型多管冲击式除尘器，该除尘器的结构分为上、下箱体两大部分，上箱体包括：挡灰板、联箱、进出风管、分配送风箱、喷头、两道挡水板、离心风机等。下箱体包括：排污阀、喷淋管、电磁阀、电动推杆、液位控制仪等。

三、多管冲击式除尘器工作原理

如图6-18所示，含尘空气由入口进入后，较大的粉尘颗被挡灰板阻挡下落后被除掉，较小的粉尘颗粒随着气流一同进入联箱，这时含尘空气经过送风管，以较高速度从喷头处喷出，冲击液面撞击起大量的泡沫和水滴，以达到净化空气的目的。净化后的空气在风机的作用下（图中用虚线箭头表示），通过第一挡水板和第二挡水板由出风口（或离心风机出风口）排出。含尘空气的整个除尘过程是在负压状态下进行的，而液面高度由溢流管和水位控制仪控制。

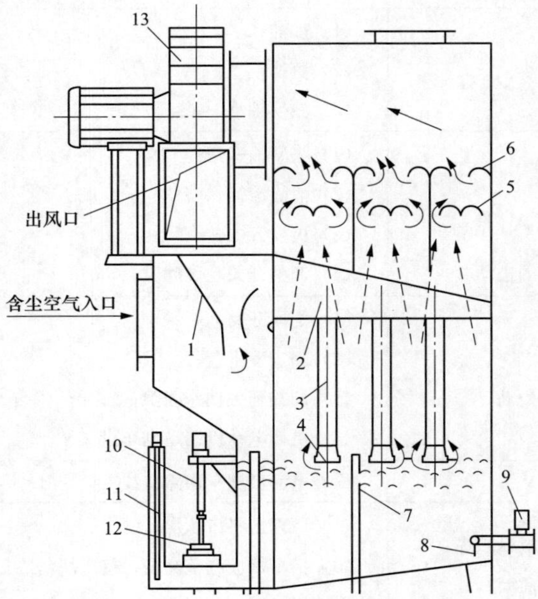

图6-18 工作原理图

1—挡灰板；2—联箱；3—进出风管；4—喷头；5—第一挡水板；6—第二挡水板；7—溢流管；8—冲洗喷头；9—电磁阀；10—电动推杆；11—水位控制仪；12—密封装置；13—离心风机

净化空气用的水在使用一定时间后，由于水中含有大量的粉尘而需更换。更换水时，由电动推杆将排水口外的活塞提起，含有大量粉尘的污水经排水口排出。当污水基本排完后，水控制仪设在进水总管上的电磁阀开启（供水压力为0.5、0.8Pa/cm^2），水通过进水管由设在除尘器箱体下部的冲洗喷嘴喷，将箱体底部冲洗干净。然后电动推杆将活塞放下，排水口

关闭，箱体内的水面上升。待水面上升到除尘所需高度时水位控制仪控制电磁阀关闭。让水中断，箱体内多余的水由溢流管排出，此时除尘器可进入工作状态。

四、多管冲击式除尘器启动前的检查

（1）电动机、风机的轴承底座地脚螺栓应无松动、脱落、断裂现象。

（2）电动机和控制箱的引线、接地线应完好无损，连接牢固。

（3）传动带无脱落、断裂、严重损坏现象。

（4）除尘装置的各水门开关灵活，无泄漏。

（5）负压吸尘管道无开焊现象，吸尘管道换向闸板应对向所运行设备（闸板与换向杆同向）。

（6）排污自启动装置应完好无损，运行正常；排污阀应在全开位置。

（7）动力箱开关按钮、电流表完好无损，转换开关位置应正确。

（8）现场照明良好，地面无积水、无积煤、无杂物，达到卫生标准。

五、多管冲击式除尘器运行中的注意事项

（1）除尘系统工作时，应使通过机组的风量保持在额定风量左右。且尽量减少风量的波动。经常注意各检查门的严密性。

（2）根据机组的运行经验，定期冲洗机组内部及自动控制装置中液位仪上电极杆上的积灰。

（3）在通入含尘气体时，不允许在水位不足的情况下运转，更不允许无水运转。

（4）经常保持自动控制装置的清洁，防止灰尘进入操作箱，发现自动控制系统失灵时，应及时检修。

（5）当出现过高、过低水位时，应及时查明原因，排除故障。

六、多管冲击式除尘器常见故障处理

多管冲击式除尘器常见故障处理见表 6-8。

表 6-8　　多管冲击式除尘器常见故障及处理一览表

故障	原　因	处　理
风量小	（1）风机接线接反； （2）检修门关闭不严； （3）水位偏高； （4）除尘系统阻力偏大	（1）调换风机电源接线； （2）关闭密封门； （3）调整“下移”溢流管； （4）加大风机的出口风压，减少系统阻力
净化效果差	（1）水位偏低； （2）除尘器内工作水含尘浓度大； （3）检修门关闭不严； （4）除尘系统阻力偏大，风量减少	（1）调整“上移”溢流管； （2）增加排污水次数； （3）关闭密封门； （4）加大风机的出口风压，减少系统阻力

续表

故障	原　因	处　理
充水量大	(1) 密封装置漏水； (2) 电动推杆未压紧； (3) 电磁阀失灵	(1) 拧紧密封装置； (2) 更换或增加密封装置内密封材料； (3) 将电动推杆接线盒内下限开关微量下移，检修电磁阀

第八节　干雾抑尘装置

一、干雾抑尘原理

粉尘可以通过水黏结而聚结增大，但那些最细小的粉尘只有当水滴很小或加入化学试剂（如表面活性剂）减小水表面张力时才会聚结成团。如果水雾颗粒直径大于粉尘颗粒，粉尘仅随水雾颗粒周围气流而运动，水雾颗粒和粉尘颗粒接触很少或者根本没有机会接触，则达不到抑尘作用；如果水雾颗粒与粉尘颗粒大小接近，粉尘颗粒随气流运动时就会与水雾颗粒碰撞、接触而黏结在一起。水雾颗粒越小，聚结概率则越大，随着聚结的粉尘团变大加重，从而很容易降落。水雾对粉尘的“过滤”作用就形成了。干雾抑尘装置是通过高频声波将水高度雾化，“爆炸”成数以万计 1～10μm（直径 10μm 以下的雾称干雾）大小的水雾颗粒。水雾颗粒以柔软低速的雾状方式喷射到粉尘发生点，使粉尘颗粒相互膨胀、黏结、聚结增大，并在自身重力作用下沉降，达到抑尘目的。

二、干雾抑尘装置的组成

干雾抑尘装置采用模块化设计技术。由干雾机、储气罐、万向节、水气分配器、喷雾箱、水气连接管线、就地按钮箱和控制信号线等组成。

1. 干雾机

干雾机由电控系统、流量控制系统组成，机体为碳钢喷塑壳体，防护等级为 IP55 标准。自重 380kg。人机面板上设有“自动喷雾”“手动喷雾”“吹扫”“报警指示”等命令提示。干雾机集成编程的电控模块，实现自动控制。

2. 万向节

万向节（见图 6-19）是布置于尘源点附近的雾化设备，它由固定座、旋转部、喷头集成在一起。当动力水源、气源在水气分配器汇合后，高速撞击产生颗粒直径为 5～20μm 的“干雾”，再经过喷头二次撞击后定向喷向尘源点。粉尘颗粒与干雾相互接触、碰撞，使粉尘颗粒相互黏结、凝聚变大，并在自身的重力作用下沉降，从而达到抑尘的作用。

3. 水气分配器

水气分配器由电磁阀、雾化组件、球阀及不锈钢壳体等组成。它就近布置在尘源点处，同水、气管道相连，根据尘源点工作与否，响应远程或就地控制，打开或关闭相应电磁阀。水气分配器引入一路24V控制信号。电磁阀接受控制信号实现打开或关闭。

图6-19 万向节

4. 全自动反冲洗过滤器

全自动反冲洗过滤器由不锈钢筒体、不锈钢滤网、排污装置等所组成。

全自动反冲洗过滤器特点：

（1）结构紧凑，占地少，可直接安装于管路上。

（2）滤筒为不锈钢制成，防腐能力强，使用寿命长。

（3）出水口压力低于设定值时，过滤器自动切换清洗。

（4）过滤工作能连续进行，过滤、切换和半自动清洗可现场手动操作。

（5）整个清洗过程对系统压力波动小。

5. 工艺管道及阀门

雾化喷头通径2×4mm，为防止管道锈蚀堵塞喷头，主机出水、出气所供管道都为不锈钢或PPR材质。管件与弯头、法兰、单丝采取焊接连接方式，软管采用高压胶管连接，最大程度保证喷雾设备不受管件锈蚀影响。主管及支管安装完成，切勿与喷雾箱直接连接，应在其吹扫完成后，再连接喷雾箱。

6. 电伴热与保温（可选件）

采用自限温电伴热带与B1级橡塑保温棉伴热保温。自限温电伴热带是一种电热功率随系统温度自动调节的带状限温伴热器，即伴热带本身具有自动限温，并随着被加热体系的温度变化能自动调整发热功率的功能，以保证工作体系始终温度在设定的最佳操作温度区正常运行。

B1级橡塑保温棉具有优良的防火性能，按GB 8624—2012《建筑材料及制品燃烧性能分级》，经测试判定为B1级难燃性材料。橡塑中含有大量的阻燃减烟材料，燃烧时产生的烟浓度极低，而且遇火不熔化，不会滴下着火的火球，材料具有自熄灭特性。

三、干雾抑尘装置运行和维护

1. 干雾抑尘装置运行

为保证设备平稳运行，运行时需注意以下事项：

（1）设备开启前，检查空气管道是否跑冒滴漏，尤其在安装完或检修完后，确定阀打开，螺栓连接紧固。并通知岗位工作人员准备开启干雾抑尘设备。在收到岗位工作人员确定回答后，旋启干雾抑尘机急停按钮，“供电运行指示无误”后，准备开启喷雾抑尘设备。

（2）初次使用或检修完成，主气管气压到达0.6MPa后，准备开启干雾机。气压低于0.4MPa，干雾抑尘设备不能启动。

启动执行两种控制：

1）自动控制。将手动旋钮置在空挡上（左旋），自动控制旋钮旋转到打开状态（右旋），设备就会跟随连锁信号自动启停。有料流信号，电磁阀打开，连续喷雾，直到料流信号停止。

2）手地控制。将自动控制旋钮置在空挡上（左旋），手动控制旋钮旋转到打开状态（右旋），设备不会跟翻车机翻车信号自动启停。

（3）过滤器清洗启停，清洗过滤器，首先要自动结束所有喷雾命令。通过按压面板相应提示，执行过滤器清洗，清洗命令持续工作5s，5s后自动停止，亦可再次按压吹扫命令，停止吹扫。

（4）报警指示有水压低报警、过滤器堵报警。设备运行时，压力低，指示灯会亮起，请检查供水压力或过滤器是否堵塞。消除问题后，即自动解除报警。

（5）干雾抑尘设备调试完成后，除需检测线路，请不要打开干雾机电控室门。

（6）切勿随意更改干雾机接线位点，减少或增加电器元件。

（7）由于尘源点喷雾末端距离管道略有一段距离，喷雾会有延时。每2～4套万向节共用1组水气分配器。分配器连接DN15手动进水球阀，连接DN15手动进气球阀，根据物料情况调节水、气大小。当干雾机处水压达到0.2MPa时，水路球阀开启（一般是阀门全部开启量1/5～1/3）；当干雾机处气压达到0.5MPa时，气路球阀开启（一般是阀门全部开启量1/3～2/3）。

2. 干雾抑尘装置维护

（1）干雾抑尘机维护。干雾机使用230V AC电源，检修维护时需要断开外部电源。干雾抑尘电控信号同水、气管路控制由隔板分开，电控信号无异常，切勿随意打开。在电路检修时，由专业操作人员维护，以防电击伤。干雾机在5～40℃，运行较为稳定。设备连续运行时，每季度打开干雾机左右两侧门板，检查是否需要为三联件补充润滑油。润滑油选用气源净化处理装置类产品，黏度范围32mm^2/s。本系统内所有干雾机电接点压力接低压检测点，水压不低于0.2MPa，气压不低于0.5MPa。定期检查干雾机内阀门，干雾机外管道紧固螺栓，是否有所松动。避免意外发生。干雾机不适用酸、碱、盐浓度较高作业环境。干雾抑尘设备连续运行后，根据水质情况，每隔一定时间，按压人机面板“排污”命令，排除干雾机滤网杂质。

（2）水气分配器维护。水气分配器，气、水在此汇合。可能出现电磁阀闭合不严，堵塞，不执行电控命令、积水几个问题。电磁阀闭合不严，导致该问题产生的主要原因，设备使用初期，管道未严格执行吹扫操作，导致阀芯被铁屑、焊渣、柔性杂质等卡住，电磁阀不能完全关闭。为避免该问题发生，需确保管路主管、支管吹扫干净。次要原因是，连续运行期间电磁阀在反向作用力作用下，始终打开。有水无气或有气无水。出现该问题，首先要水气分配器进气球阀，再调节进水球阀，确保水气配置平衡。不执行电控命令，在某一分配器出现该问题，首先打开“就地调试”旋钮，手动执行命令，检查是否有喷雾。若仍不执行，需在有电器维护人员陪同下，打开分配器箱体，根据接线提示，检查电控线路是否断路。若仍无问题，更换电磁阀。

（3）万向节维护。万向节布置在尘源点，喷雾设备连续运行时，少有堵塞。设备长时间停运，尤其冬季，再次启动时，可能会出现喷头冻塞。出现该问题，拆卸清洗喷头即可。

（4）伴热保温装置维护。伴热保温直接影响着干雾抑尘装置的稳定与安全生产。伴有伴热的管道，严禁撞击、踩踏等破坏，岗位人员需定期巡检，伴热管道有无破损，若破损需及时联系电工对破损处进行检测与修复，避免冬季启动时发生漏电或火灾事故。

第九节　含煤废水处理系统

一、概述

含煤废水处理设备主要包括：含煤废水提升泵，絮凝剂及助凝剂配制和投加装置（包括本体、计量泵、加药管道及阀门），中间水泵（包括全部内部装置和附件），全自动过滤设备，反洗泵，冲洗水泵，铸铁闸门及启闭机，系统内的阀门及附件，控制系统的设备、就地控制柜等。

含煤废水的处理流程：厂区含煤废水→煤泥沉淀池→煤水提升泵→加药混凝区→沉淀区→中间水箱→中间水泵→石英砂过滤器→回用水池→冲洗水泵→煤场喷淋及栈桥冲洗水泵使用。

二、设备运行及注意事项

1. 工作方式

（1）设备手动运行：将工作方式旋钮转向手动位后按各电器的对应按钮可分别开启和关闭该电器。设备手动运行时，启动煤水沉淀池池提升泵、聚凝剂加药计量泵和助凝剂加药计量泵，设备投入运行状态。当需用水时，启动煤场喷淋及栈桥冲洗水泵用水。

（2）设备自动运行：将工作方式旋钮转向自动位，当煤水沉淀池水位高水位时，设备投入运行；当煤泥沉淀池水位回至低水位时，设备停止运行。絮凝剂加药计量泵与助凝剂加药计量泵与污水提升泵联动。

2. 加药设备的配药与运行

（1）配药。

1）聚凝剂：聚凝剂采用碱式氯化铝，根据用户提供的煤灰水水质资料计算，处理每吨水投加碱式氯化铝按 40～50g 计算。

处理水量：2×30t/h

投药量：30×2×50g=2500g=3.0kg/h

药液浓度：5%

溶液量：3.0kg/h×20=60kg/h（投加量可根据原计量泵及配药箱作调整）

2）助凝剂：助凝剂采用聚丙烯洗胺，处理每吨水投加聚丙烯洗胺按 1～3g 计算。

3）处理水量：2×30t/h

投药量：2×30t/h×3g=0.18kg/h

药液浓度：1%

溶液量：0.18kg/h×100=18kg/h（投加量可根据原计量泵及配药箱作调整）

（2）加药设备的运行：打开进水阀在搅拌桶放入一定量的用于药剂溶解的工业用水，启动搅拌机后向搅拌桶内放入一定量的药剂，聚凝剂需搅拌 5～10min，助凝剂需搅拌 30min 左右：搅拌完成后打开搅拌桶出液阀、计量泵出药阀，当污水提升泵运行时可启动计量泵进行投药。当一台配药完成后可向另一台搅拌桶放水配药备用。加药计量泵与污水泵联动，加药计量泵根据电磁流量计输入的流量信号通过变频器自动调整加药量。

当向一台搅拌桶放水和投加这台搅拌桶内的药剂时需把另一台搅拌桶的出液阀关闭。当需对设备的部分进行维修时请关闭相关阀门，当需对搅拌桶进行维修请打开相应的放空阀。

3. 设备排泥

（1）手动排泥：当设备运行时间达到 10～24h 时，开启中间水箱的排泥阀排泥。排泥 10min（时间可调）后排泥阀关闭，排泥结束。

（2）自动排泥：当设备运行 10～24h（可调）到设定值时，输出信号自动打开排泥阀排泥。排泥时间为 10min（时间可调）后排泥阀关闭，排泥结束。

4. 反冲洗

自动反冲洗：通过对混凝区的定时冲洗能确保混凝区没有沉积污泥和防止污泥积饼。此时煤水沉淀池提升泵停、加药计量泵停、中间水箱进出水阀关闭，过滤器设备的反冲排水阀、反冲进水阀开启，等阀门都完全开启和关闭到位后反冲水泵启动，反冲 10～15min（可调）后设备再次恢复至正常运行状态。

5. 设备运行注意事项

（1）含煤废水提升采用 3 台提升泵，运行方式为二运一备。提升泵的运行根据调节池的液位来控制装置，当调节池的水位到达“中位”设定值时，煤水提升泵自动启动，进入正常工作状态；当水位低于“低位”设定值时，自动关闭煤水提升泵；当水位高于“高位”设定值时，并及时连锁启动 3 台煤水提升泵。

（2）含煤废水中间水池采用3台提升泵，运行方式为二运一备。中间水泵的运行根据中间水池的液位来控制装置，当调节池的水位到达“高位”设定值时，煤水中间水泵自动启动，进入正常工作状态；当水位低于“低位”设定值时，自动关闭煤水中间水泵。

（3）絮凝剂、助凝剂加药装置计量泵、搅拌器与煤水提升泵联动。

三、故障排除

故障排除一览表见表6-9。

表 6-9　　故障排除一览表

故障名称	故障原因	排除方法
电动机不转	（1）电动机已损坏； （2）电源不通	（1）修复或更换电动机； （2）检查接通电
水泵不出水	（1）引流量不足； （2）吸液端某只法兰、阀门或管路某处漏气； （3）引流口或放空口拼帽不紧，或拼帽内没有垫圈； （4）泵腔内或液池内无液	（1）加水； （2）检修阀门或管路； （3）拧紧拼帽或加垫圈； （4）加水或有液
流量、扬程（压力）不达标	（1）电压过低，额定转速不到； （2）电动机反转； （3）底部滤网堵塞，过流不足； （4）吸液端某只法兰、阀门或某处管路慢性漏气，影响水泵真空度； （5）容器或液池内液量太少，时而吸进空气	（1）调准电压； （2）调准接线； （3）清洗滤网； （4）检查法兰、阀门消除漏气； （5）低位停泵失灵，修复
电机与水泵连接部位漏	（1）启动瞬间渗漏，正常运行后现象消失； （2）运行时一直渗漏（可能是密封装置已损坏，或实际扬程、压力与水泵参数差异过大）	（1）引流液灌注过满，不属故障； （2）检查密封装置是否损坏，重新计算工作压力是否超过该泵的规定参数，如密封装置已损坏，请考虑修理或更换。如压力参数差异过大，请考虑重新选型或调整实际工作压力
活塞不密封或密封不严，水泵不吸液	（1）导轴失油卡死，密封活塞不到位； （2）电缆与电动机接线柱接触不良或熔丝损坏，电源不通，密封活塞不动作	（1）在导轴上加缝纫机润滑油； （2）检查、接通电源
连接软管漏气，水泵不能形成真空，不吸液	（1）控制阀和水泵连接的软管两端扎扣不紧或使用时间较长，扎扣腐蚀松动，造成漏气； （2）密封垫片老化，活塞封闭不严	（1）检查、处理或更换扎口件，保证牢固、可靠、不漏气； （2）更换密封垫片

续表

故障名称	故障原因	排除方法
自动状态水泵不能启动	（1）某只传感器接触不良； （2）传感器上、下限或上、下端安装颠倒； （3）电机或熔丝已损坏； （4）溶液池内无液，传感器不起作用； （5）恢复传感器良好接触	（1）正确安装传感器； （2）修复电动机或熔丝； （3）检查池液情况
水泵不能自动停止	（1）某只传感器已损坏，产品误动作； （2）液体中有颗粒卡塞传感器浮球，迫使其误动作	（1）更换已损坏的传感器； （2）冲洗传感器浮球，使其恢复灵活
自动与手动无法转换	某只按钮已损坏	更换已损坏按钮
手动状态水泵不能启动	（1）手动按钮已损坏； （2）电动机或熔丝已损坏	（1）更换按钮； （2）修复电动机或熔丝
水质不合格	含煤废水处理器过滤器脏	进行反冲

第七章 燃 油 系 统

第一节 概 述

一、燃油库主要设备

燃油库主要设备包括燃油罐、卧式小油罐、供油泵、卸油泵、自吸式加油机、污油处理设备、消防设施、燃油管路及压缩空气吹扫管路、电气设备等。

二、燃油系统图

典型的燃油系统如图 7-1 所示。

第二节 卸油系统运行

一、卸油准备工作

(1) 校正油罐车位置，油罐车下卸口位置应低于卸油入口管高度。

(2) 将油罐车底部卸油口与卸油入口管用带有卡口的橡胶软管连接起来，并检查是否有泄漏的可能，确认连接可靠后方可进行下步卸油工作。

(3) 打开卸油泵前卸油管路上的手动阀门，打开油罐车底部卸油阀门。

(4) 开启管路上的排气阀门。

(5) 手盘动卸油泵联轴器，证明泵内没有卡住或其他故障后，方可启动。

二、卸油前检查

(1) 将卸油泵电源送上。

(2) 与油槽车对接口应无漏油现象。

(3) 卸油管道及各阀门应无漏油，各阀门应操作灵活。

(4) 卸油滤油器应无漏油现象。

(5) 卸油泵各固定螺栓固定牢固，泵轴盘动灵活。

(6) 卸油泵电动机接线良好。

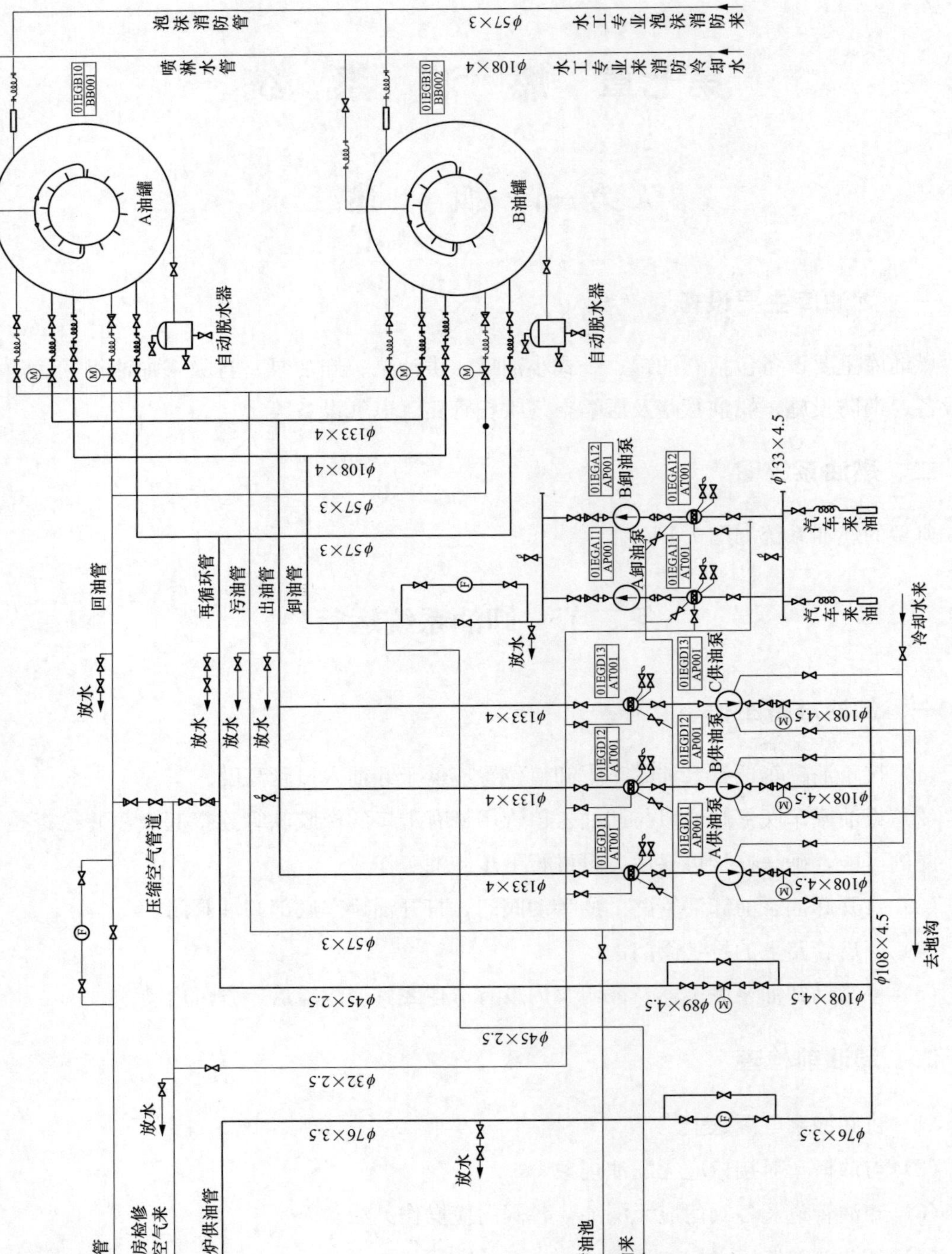
泡沫消防管
喷淋水管
01EGB10 BB001
A油罐
01EGB10 BB002
B油罐
$\phi57\times3$
$\phi108\times4$
水工专业泡沫消防来
水工专业来消防冷却水
自动脱水器
自动脱水器
$\phi133\times4$
$\phi108\times4$
$\phi57\times3$
$\phi57\times3$
回油管
再循环管
污油管
出油管
卸油管
放水
01EGA11 AP001
A卸油泵
01EGA12 AP001
B卸油泵
01EGA11 AT001
01EGA12 AT001
$\phi133\times4.5$
汽车来油
汽车来油
冷却水来
01EGD11 AT001
01EGD12 AT001
01EGD13 AT001
01EGD11 AP001
A供油泵
01EGD12 AP001
B供油泵
01EGD13 AP001
C供油泵
$\phi133\times4$
$\phi108\times4.5$
$\phi108\times4.5$
去地沟
压缩空气管道
$\phi45\times2.5$
$\phi89\times4.5$
$\phi32\times2.5$
$\phi76\times3.5$
回油管
主厂房检修压缩空气来
去锅炉供油管
去污油池
净油来

图 7-1 燃油系统图

三、卸油泵的启动

（1）检查润滑油油位及各部螺栓有无松动脱落现象。

（2）打开各种仪表的开关、阀门。

（3）合上电源，当卸油泵达到正常转速，且仪表指示的相应压力达到规定值后，逐渐打开出口管路上的截止阀，并调节到所需要的工况，在出口油管路关闭的情况下，卸油泵连续工作时间不超过 10min。

（4）在运行过程中要注意电动机的运行情况及卸油泵的工作压力和振动情况，振动不应超过 0.06mm。

四、卸油泵的停运

（1）逐渐关闭出口管路阀门。

（2）停止泵运行，切断电源。

（3）关闭入口管卸油门。

（4）如橡胶软管内有存油，应将油排出收入桶内回收。

（5）卸油完毕后，如长时间不运行，系统需用压缩空气吹扫。

第三节　供油泵启动与停运

一、供油泵启动前的检查与操作

（1）供油泵动力电源已送上。

（2）开启供油泵进、出油门。

（3）供油泵旁路门应在关闭位置。

（4）供油泵应无漏油现象。

（5）供油泵固定牢固，紧固螺栓无松动。

（6）供油泵轴盘动灵活，无卡死现象。

（7）供油泵电动机接线良好。

（8）供油泵与电动机接地线良好。

二、供油泵的启动操作

（1）合上供油泵的启动开关。

（2）缓慢调节供油母管压力调整门，保持供油油压稳定。正常情况下，供油母管压力范围为 4.0～5.0MPa。

三、供油泵的停运操作

（1）拉开供油泵的启动开关。

（2）调节供油母管压力调整门调整油压，保持供油油压稳定。

（3）关闭供油泵的出油门与进油门。

（4）供油结束后，如长时间不运行，系统需用压缩空气吹扫。

第四节 卸油系统和供油系统的压缩空气吹扫

一、卸油系统的吹扫

（1）关闭卸油泵滤油器入口门，打开卸油泵滤油器出口门、卸油管路至油罐的其他阀门（除排空门和放油门）。

（2）打开卸油泵吹扫阀，向油罐进行吹扫至油罐内无油流声。

（3）如两台卸油泵需全部吹扫进行动火作业，应确保两油泵及管路内无存油。

二、供油系统的吹扫

（1）供油低压管路的吹扫。

1）关闭C供油泵滤油器出口阀，打开C滤油器入口阀及至油罐管路上的其他阀门（除排空门和放油门）。

2）打开C滤油器的吹扫阀，向油罐吹扫，待油罐无油流声后停止吹扫，待低压母管端头的油回流后再次吹扫。反复几次后同时打开B供油泵的吹扫门，两台泵同时吹扫，待油罐无油流声后停止C泵吹扫后打开A泵吹扫门，A、B两泵同时吹扫，待油罐无油流声后停止吹扫。

（2）供油再循环管路扫。

1）关闭滤油器入口门，打开滤油器出口门，打开供油再循环管路上的其他阀门（除排空门和放油门），关闭供油管主旁路阀门。

2）打开C滤油器的吹扫阀，通过再循环管（主路和旁路先分别吹再同时吹）向油罐吹扫，待油罐无油流声后停止吹扫，待高压母管端头的油回流后再次吹扫。反复几次后同时打开B供油泵的吹扫门，两台泵同时吹扫，待油罐无油流声后停止C泵吹扫后打开A泵吹扫门，A、B两泵同时吹扫，待油罐无油流声后停止吹扫。

（3）高压供油管路的吹扫。

1）关闭滤油器入口门，打开滤油器出口门，关闭再循环主、旁路门，打开供油母管主、旁路门，打开供油回油管路上的其他阀门（除排空门和放油门）。

2）打开油泵的吹扫门向供回油管路吹扫（3 台泵吹扫门的操作顺序同上），吹扫一段时间后待油罐无油流声后要停止吹扫，待高压母管端头内的存油回流后再次进行吹扫，直至油罐内无油流声，管路设备内确无存油后方可停止吹扫。

如供油再循环管路吹扫后需对供油、回油管全面进行吹扫。应在供油再循环管路 A、B 两泵同时吹扫油罐无油流声后，关闭再循环主、旁路门，打开供油母管主、旁路门进行吹扫，直至油罐无油流声后停止吹扫。

三、油泵的吹扫

（1）因油泵处无放油门暂不能进行油泵的单体吹扫。

（2）在油泵的单体检修中可关闭滤油器入口门及油泵出口门，打开滤油器底部放油门和空气门进行放油。未经吹扫不可在该段管路及泵体上动火，如动火必须进行大循环吹扫。

四、吹扫注意事项

（1）吹扫压力达到设计值，否则应延长吹扫时间，以油罐无油流声并继续吹扫一段时间为合格标准。

（2）吹扫过程中要彻底吹净管路及设备内的积油、存油、附着挂壁油，有母管的管路要反复吹扫和停止以吹出端部存油。

（3）吹扫过程中要关闭空气门及排油、排污门防止污染和跑油。

（4）吹扫后要根据系统运行方式进行相应阀门的及时恢复。

五、污油池的管理

（1）在非排污时间内，检查通向污油池的各排污管及脱水管是否有油及水流入，如果有油及水流入，应查明原因加以处理。

（2）冬季每次卸油结束后，储油罐都必须脱水，平时只需定期脱水。

（3）污油池内的污油沉淀后，上面的燃油排至净污油池用泵打回卸油管入油罐，下面的积水用泵抽到分离罐排水。

（4）控制池内水位及油位，污油池内的油位要经常保持低油位。

第五节　滤油器出入系操作及注意事项

一、滤油器出系操作

（1）油系统运行时，必须保证该系统滤油器有一只以上在运行。

（2）缓慢关闭滤油器出油门（密切注意该系统供油的油泵油压稳定）。

（3）关闭滤油器进油门。

（4）开启滤油器放油门及放气门，将滤油器内存油放尽。

（5）关闭滤油器放油门，放气门。

（6）如需对滤油器进行检查停役需将所关闭的阀门挂上危险牌。

二、滤油器的入系操作

（1）检查滤油器已具备入系条件，出油门、放气门、放油门、进油门均处关闭状态。

（2）开启滤油器放气门。缓慢开启进油门（密切注意该系统供油的油泵油压稳定）。将滤油器内空气放尽，关闭放气门。

（3）缓慢开启滤油器出油门（密切注意保持油压稳定）。

三、滤油器出入系注意事项

（1）供油滤油器出、入系应向值长汇报（卸油滤油器除外）。

（2）为确保供油量，不可同时出系统所有滤油器。如工作需要，只允许该系统停用一台滤油器。

（3）滤油器出系应将阀门关闭严密，不可有泄漏。

（4）滤油器入系后应检查其投运情况。放气门、放油门及上盖处应无漏油。

第六节 油区管理

一、油区的安全措施

（1）油区周围的围墙高度不低于2m，围墙四周应挂有“严禁明火”“严禁吸烟”等明显的警告标示牌。

（2）储油罐四周必须设立防护堤，其高度不低于1m。防护堤应耐火，坚固完整。

（3）油区必须有消防车行驶的环形通道，并应经常保持畅通。

（4）油区内的一切电气设施：如断路器、隔离开关、照明灯、电动机、电铃、动控箱、启动停止按钮、自动仪表接点等均应为防爆型。电力线路必须是暗线式电缆，不准有架空线。

（5）油区必须装有避雷装置。

（6）储油罐应有呼吸装置，其出口应装阻火器，阻火器要便于拆装清洗。

（7）储油罐必须有喷淋装置。

（8）油区必须配备充足的消防器材。

（9）油区必须保证充足的照明。

二、油区的出入制度

（1）油区入口应设有“进入油区注意事项”标示牌，并备有油区出入员登记表。

（2）非工作人员出入油区必须进行登记，并交出火种。

（3）外厂参观、学习人员进入油区必须有专人陪同。

（4）不准穿着有鞋钉和铁掌底的鞋子进入油区。

三、防火、防爆规定

（1）油区内不准堆放易燃物品及杂物，不准搭建临时建筑物，不准带入火种。

（2）油区内严禁带电作业。

（3）油区内严禁吸烟。

（4）油区及防护堤必须经常清除杂草。

（5）油区内严禁用明火烘烤设备及管道。

（6）油区内严禁用铁器工具，油区设备检修时应用铜制扳手、木榧、铜锤、防爆电筒，上油罐顶部检查时应先将电筒打亮后，然后再上油罐顶部。

（7）当油区万一起火或其他火灾蔓延至管道时，应立即停止运行，并迅速关闭储油罐的进油阀和出油阀。

（8）油区的消防设备应由消防部门定期检查、定期试验，经常保持消防器材处于良好的备用状态。

（9）卸油泵房要保持良好的通风，及时排出可燃气体。

（10）在卸油过程中遇有雷击或附近发生火灾时，应立即停止卸油，并采取相应的安全措施。

（11）燃油系统设备需动火作业时，按厂动火工作票制度办理。

四、油区发生火灾的扑救方法

（1）油区发生火灾时应立即报警，火警电话“119”。

（2）储油罐顶部着火，立即按下泡沫灭火系统向储油罐内注入覆盖厚度在200mm以上泡沫液，还应按下冷却水系统对储油罐外壁进行强迫冷却。

（3）用多支水枪从各个方向对准着火点喷射，封住储油罐顶部火焰，使油气隔绝，缺氧窒息。

（4）储油罐爆炸，顶盖掀掉，发生大火按上述执行。若固定泡沫灭火装置喷管破坏，应设法安装临时喷管向储油罐内注入泡沫液灭火。

五、储油罐着火与油泵房着火系统隔绝方法

（1）储油罐着火应立即停止进油、卸油工作。

（2）两只储油罐并列运行时，在锅炉烧油的情况下储油罐着火，应立即汇报值长，将运行方式改为单油库运行，关闭着火油库进、出口阀门、锅炉回油门、供油泵回油阀门、污油进油阀门、油罐放水阀门。

（3）经值长允许停止供油泵运行，则关闭其他储油罐进、出口阀门、锅炉回油阀门、供油泵回油阀门。关闭滤油器进、出口阀门，供油泵进、出口阀门、回油调整进出口阀门，关闭供油泵出油旁路门。

（4）单储油罐运行：供油泵循环时，运行中的储油罐着火，应立即汇报值长，停止供油泵运行，关闭着火油库进、出口阀门、关闭锅炉回油阀门、供油泵回油阀门、污油进油阀门、油库放水门、滤油器进出口阀门、供油泵进出油门及出油旁路门，关闭回油调整进、出口阀门。

（5）供油泵着火：如锅炉烧油先汇报值长，关闭备用供油泵进、出口阀门，拉脱备用供油泵电源。经值长允许停止运行供油泵，关闭其进、出口阀门，隔绝供油滤油器进、出口阀门，关闭回油调整进、出口阀门、供油泵出油旁路门。

第七节　供油泵及卸油泵运行常见故障及处理

供油泵及卸油泵运行常见故障及处理一览表见表 7-1。

表 7-1　　供油泵及卸油泵运行常见故障及处理一览表

现象	原因	处理
供油泵出力过小	（1）油泵出口再循环调节门失灵； （2）储油罐油位过低； （3）油泵存在缺陷、系统严重泄漏； （4）油泵进口滤网堵塞	（1）通知检修或更换阀门； （2）倒罐运行或停运油泵； （3）检修或更换油泵； （4）清洗滤网
油泵在启动时不出油	（1）在启动前未注油或未注满油； （2）吸油高度过大； （3）吸油管漏气或有空气泡； （4）阀门堵塞； （5）转速太低	（1）停泵重新注满油； （2）降低吸油高度； （3）检修吸油管漏气处，并排除空气； （4）消除阀门堵塞； （5）检查动力情况
启动后，油泵排油量很小	（1）叶轮进油口被杂物堵塞； （2）阀门局部被堵塞； （3）吸油管路接头不严密； （4）叶轮的筋磨损，口环密封圈磨损过大	（1）通知检修清除杂物； （2）检查并消除堵塞现象； （3）检查接头对口密封，上紧或换垫； （4）更换已磨损部件

续表

现象	原因	处理
电动机电流过大	（1）平衡环板倾斜太大或零件有卡塞现象； （2）转动部分调整得不正确，向吸水方向串动过大，叶轮卡住口环； （3）对轮接合不正或皮圈过紧	（1）通知检修处理； （2）重新调整转动部分； （3）重新校正中心或更换皮圈
运转时泵有振动	（1）油泵和和电动机中心不正； （2）油管固定的不正确； （3）支架轴承间隙大； （4）轴弯曲； （5）叶轮或平衡环歪斜； （6）地脚螺栓松弛，基础不牢固	（1）重新校正中心； （2）重新坚固油管； （3）重新调整间隙； （4）更换已损坏的轴； （5）调整其回原位； （6）拧紧螺栓或处理基础问题
轴承发热	（1）油不干净或油量不足； （2）轴承不转或不灵活； （3）轴承间隙过大	（1）清洗轴承，换油或加油； （2）检修或更换轴承； （3）调整间隙
泵内气体排不出去	（1）进油管路不密封； （2）排气阀堵塞	（1）检查进油管和轴承的密封性； （2）清理排气阀
油泵外壳发热	在闸门关闭或无油的情况下，油泵工作时间过长	停运油泵，经冷却并处理故障后再启动，并加强监视
油泵有杂音、振动大	（1）地脚不稳； （2）汽蚀现象； （3）轴承磨损严重； （4）泵轴弯曲； （5）泵或进口管路内有杂物； （6）油泵与动力机主轴不同轴	（1）加固地脚； （2）调整工况，消除汽蚀现象； （3）更换新轴承； （4）校正或更换轴； （5）清除杂物； （6）重新调整同轴度

第八节 自吸式加油机系统

1. 结构

自吸式加油机主要由防爆电动机、流量测量变换器、油泵、电磁阀、编码器、油枪和电脑装置等部分组成。

2. 加油操作

金额定量加油：[清零]→[数字]→[切换]→提枪加油到预置金额自动停机

3. 查询操作

（1）查询日累计数：[查询]→[切换]→[年　月××××.××]→[切换]→[日××]→[切换]

（2）查询月累计数：[查询]→[单价]→[年　月××××.××]→[单价]

4. 使用维护

（1）使用油枪时，要避免用油枪的注油管敲击受油容器、按压开关等不正确操作，这种操作可能损坏注油管根部，造成漏油。要定期检查，拧紧注油管上的止动螺栓，防止注油管根部松动、损坏。

（2）油罐内应定期清洗，保持油的清洁。

（3）加油机在使用一段时间后，随着加油机滤芯表面黏附的杂质的增多，加油机的流量会减小，此时应对过滤器进行清洗，用汽油清洗过滤器网套，同时清除油泵进出口内的脏物。

（4）油泵上的溢流阀调整螺栓用于调整泵的压力，进而调整加油机的排油量。出厂时已调好，长期使用后，如排油量有所下降，可把调整螺栓向里调，使排油量达到要求，但不能拧死。

5. 常见故障及处理

（1）不开机或断续开机。

1）放下油枪，按键盘，看是否有反应，如无反应，请检查电源是否正常。

2）机器设有开机延时功能，即连续开机的时间间隔必须大于3s。

（2）提枪油枪电动机转动不正常或者不转且伴有嗡嗡声。此现象一般是由于电源缺相引起，应立即关机，检查三相电源是否缺相，若缺相检查电源及电源线，若电源正常，则检查机器故障。

（3）开机不出油。

1）排气管吐气明显，则可能为：①罐内液面低于底阀，吸入空气，增高液位。②过滤器盖进气，更换过滤器垫重新上紧。③溢流阀卡死，拆下清洗，重新装配。④泵与波纹管连接处进气，更换密封垫重新安装。⑤浮子阀卡住，清除异物，清洗或更换浮子阀。

2）底阀卡死，不能进油，清洗或更换底阀。

3）三角带打滑，张紧三角带或更换之。

4）泵声正常，过滤器油液充满，排气管排气正常，电磁阀没打开，检查电路或更换电磁阀。

（4）出油慢。①底阀或泵过滤器堵塞，拆下清洗。②转子叶片磨损，更换叶片。③油位太低，阻力太大，提高液位。④温度太高，管道下埋太浅或加油机、管道受太阳直射，改进油管道系统。⑤泵出口至油枪的油路堵塞，油枪过滤器或电磁阀没完全打开，清洗异物或更换之。⑥三角带打滑，张紧三角带或更换之。⑦“几”字形管道或管道坡向加油机，改进进油管道系统。

（5）异常噪声。①泵过滤器堵塞，清洗。②叶片折断，更换叶片。③溢流阀工作异常，清洗或重新安装调整。

（6）泵卡死。①叶片运动不灵活，更换叶片。②泵芯内有异物，立即停机，清除泵芯内异物。

（7）开机没出油计数。①输油胶管有一定的膨胀性，当胶管较长时，开机瞬间胶管膨胀，有少量油液进入胶管引起计数。②底阀或管道漏油，维修底阀或管道。③出口高压阀密封不严，重新装配。④管道“几”字形、底阀回油或管道漏气使泵吸入空气，维修管道。

参 考 文 献

[1] 山西省电力工业局．全国火力发电工人通用培训教材　燃料设备及运行（初、中、高级工）．北京：中国电力出版社，2000.

[2] 望亭发电厂．660MW 超超临界火力发电机组培训教材　燃料分册．北京：中国电力出版社，2011.

[3] 夏侯国伟，朱志平．600MW 火电机组系列培训教材　辅控集控设备及运行．北京：中国电力出版社，2009.

[4] 熊立红．燃料运输设备及系统．北京：中国电力出版社，2006.